【小学版】

二十四节气
食育与劳动

王长啟　韩伟民　主编

全国百佳图书出版单位
中国中医药出版社
·北 京·

图书在版编目（CIP）数据

二十四节气食育与劳动：小学版 / 王长啟，韩伟民
主编 . —北京：中国中医药出版社，2023.9
ISBN 978-7-5132-8263-5

Ⅰ . ①二… Ⅱ . ①王… ②韩… Ⅲ . ①二十四节气—
少儿读物②营养卫生—少儿读物③劳动教育—少儿读物
Ⅳ . ① P462-49 ② R153.2-49 ③ G40-015

中国国家版本馆 CIP 数据核字（2023）第 115375 号

中国中医药出版社出版

北京经济技术开发区科创十三街 31 号院二区 8 号楼
邮政编码　100176
传真　010-64405721
河北品睿印刷有限公司印刷
各地新华书店经销

开本 710×1000　1/16　印张 12.75　字数 158 千字
2023 年 9 月第 1 版　2023 年 9 月第 1 次印刷
书号　ISBN 978 - 7 - 5132 - 8263 - 5

定价　45.00 元
网址　www.cptcm.com

服 务 热 线　010-64405510
购 书 热 线　010-89535836
维 权 打 假　010-64405753

微信服务号　zgzyycbs
微商城网址　https://kdt.im/LIdUGr
官 方 微 博　http://e.weibo.com/cptcm
天猫旗舰店网址　https://zgzyycbs.tmall.com

如有印装质量问题请与本社出版部联系（010-64405510）

《二十四节气食育与劳动：小学版》
编委会

陶 序

　　为了深入贯彻习近平总书记关于教育的重要论述，2018 年全国教育大会提出：劳动教育是我国德智体美劳全面发展教育方针的重要组成部分。2020 年，《中共中央 国务院印发关于全面加强新时代大中小学劳动教育的意见》发布，2020 年教育部印发实施《大中小学劳动教育指导纲要》，2022 年教育部发布《义务教育劳动课程标准（2022 年版）》。从这些政策、文件、课程纲要到课程标准，可以清晰地看出国家对劳动教育是一步一步在不断细化，并整体构建了劳动教育课程体系，凝练了学生必备的核心素养。

　　从劳动教育的内容看，包括日常生活劳动、生产劳动和服务性劳动三个方面，引导学生从现实生活的真实需求出发，通过设计制作、实验、探究等方式在真实的情景下动手操作，亲身体验，经历完整的劳动实践过程。劳动教育涉及到社会和生活的各个方面，除了学校的教师之外，学生的家长也可以成为劳动教育实践中的组织者、指导者、参与者、促进者、评价者、呵护者。《二十四节气食育与劳动》这套书（分小学版、初中版、高中版），就是为这些愿意和学生一起开展劳动教育的实践者编写的。

　　《义务教育劳动课程标准（2022 年版）》中指出，学生要主动承担一定的家庭清洁、烹饪、家居美化等日常生活劳动，进一步加强家政知识和技能的学习与实践，理解劳动创造美好生活的道理，提高生活自理能力，增强家庭责任意识。劳动内容中明确规定烹饪与营养是日常生活劳动的重要内容。参与简单的家庭烹饪劳动，如择菜、洗菜等食材粗加工，根据需要选择合适的工具削水果皮，用合适的器皿冲泡饮品，初步了解蔬菜、水果、饮品等食物的营养价值和科学食用方法。在素养表现方面，能在家庭烹饪劳动中进行简单的食材粗加工，掌握日常简单烹饪工具、器皿的使用方法和注意事项。树立安全劳动意识，以及"自己的事情自己做"的生活自理意识，初步具有科学处理果蔬、制作饮品的意识和能力。长启先生的《二十四节气食育与劳动》这套书中的内容和践研标准与劳动教育任务群的要求完全一致，也是劳动教育任务群的具体展开和实施。

综合实践活动是面向中小学生的必修课程，是从学生的真实生活和发展需要出发，从生活情境中发现问题转化为活动主题，通过探究、服务、制作、体验等方式，培养学生综合素质的跨学科实践性活动。《二十四节气食育与劳动》中的每一章节都是很好的综合实践活动主题，既可以在学校实施，也可以在家庭中实施，教师和家长都可以是活动的导师。《二十四节气食育与劳动》又是按照二十四节气编写的，可以在一年中的任何时段进行活动，是综合实践活动整体实施中的重要活动内容，为中小学生提供了丰富的劳动和综合实践的教育内容，对当前教育改革的深入实施起到了促进作用。会吃的孩子最健康，会做饭的孩子最幸福！所以这是一本送给孩子们的有价值的参考书和学生读物。

中国教育学会教育管理专业委员会课程专家
北京教育科学研究院基础教育教学研究中心　　陶礼光
2023 年 4 月

何 序

　　二十四节气是中国人民的伟大创造，闪耀着东方智慧，是中华传统文明的代表性符号之一，伴随着中华文化的复兴，正不断影响着世界。二十四节气是农耕文化的产物，浓缩了中国古代先人对天气变化及如何适应环境的理解，它不仅是农业生产的规划表，还与我们生活的方方面面有着密切的联系。在人类文明和科学技术高度发达的二十一世纪，二十四节气所蕴含的生活智慧之所以依然深入人心，得益于人与自然和谐相处的永恒法则。高度城市化、快节奏的现代生活方式，让人们愈加认识到回归自然的弥足珍贵和舒畅自由！

　　《二十四节气食育与劳动》这套书（分小学版、初中版、高中版）以二十四节气文化为核心，从生命健康、地理气候、生物生态、物理科学四个层面，结合食育教学中趣味盎然的节气膳食制作知识进行了介绍，让同学们在日常生活中就能够切身感受到不同节气的自然变化异同，进而提升对于节气文化的理性认知，于潜移默化中强化同学们对传统文化的学习和掌握。同时，本书有针对性地设计了劳动实践内容，为学生劳动课提供了丰富的教学资源，教育学生要尊重自然、敬畏自然、顺应自然，要热爱劳动，注重对学生优秀品德和责任心的培养。这是一门极富创新性的课程，我想肯定会受到广大师生的欢迎。

　　书中涉及的生命健康和养生知识与中医药文化密切相关。中医药学是中华民族的伟大创造，是中国古代科学的瑰宝，是打开中华文明宝库的钥匙，为中华民族繁衍生息做出了巨大贡献。中医的理论奠基之作《黄帝内经》有云"天覆地载，万物悉备，莫贵于人，人以天地之气生，四时之法成"，强调人是自然界的一分子。中医药学自古至今未曾忽弃的底色本质，便是其始终亲近自然、遵循自然、效仿自然的医学启源模式。因此，二十四节气文化和中医药学有着共同的传统文化根基，两者相互影响，是深入中华民族骨髓的文化基因。近年来，我国特别重视中医药文化进校园的创新模式，强调要引导中小学生了解中医药文化的重要价值，推动中医药文化贯穿国民教育始终。很高兴看到《二十四节气食育与劳动》这套书有机融入了中医药知识，这将进一步丰富中小学中医药文化教育内涵，激发学生对中华传统文化的自豪感与自信心，也有助于中小学生养成良好的健康意识和生活习惯，为精彩的人生打下健康的基础。

　　人与自然是生命共同体，大自然是人类赖以生存发展的基本条件。二十四节气和中医药文化都是中华民族敬畏自然、顺应自然先进理念的文化产物，希望同学们在这门课程的学习过程中，有所感，有所悟，有所获！

《中医药文化中小学生读本》执行主编　何清湖

2023 年 4 月

前　言

　　泰戈尔说：儿童的教育原则应该是自由和自然。

　　这就是一本写给儿童的书。

　　这里有生动的文字和形象的笔触，这里有二十四节气的文化魅力，这里还有我们的健康、科学老师想和你说的悄悄话……从立春到大暑，从立秋到大寒，斗转星移，气象万千，"四时之景不同，而乐亦无穷也"。

　　中华文化博大精深，作为中华民族悠久历史文化的重要组成部分，二十四节气蕴含着悠久的文化积淀和深刻的文化内涵。它在一岁四时、春夏秋冬各三月的基础上，将每个月划分出两个节气，既符合自然规律，又有着它独特的意义，在人们的日常生活中发挥了极为重要的作用。2016 年，"二十四节气——中国人通过观察太阳周年运动而形成的时间知识体系及其实践"被列入联合国教科文组织人类非物质文化遗产代表作名录。

　　二十四节气与劳动息息相关。千百年来，中国人民根据二十四节气的变化进行耕作、烹饪、生产等活动，"春播、夏管、秋收、冬藏"就是顺应四时的劳动。作为新时代的少年儿童，我们有责任传承传统文化，并在传承的基础上让我们的生活更加美好。

　　《义务教育劳动课程标准》中指出，义务教育劳动课程以丰富开放劳动项目为载体，重点是有目的、有计划地组织学生参加日常生活劳动、生产劳动和服务性劳动，让学生动手实践、出力流汗，接受锻炼、磨练意志，培养学生正确的劳动价值观和良好的劳动品质。因而本书也可以作为一本不可多得的"教材"，供家长、教师使用，结合二十四节气的风俗变化，帮助孩子树立劳动观念，掌握劳动技能，提升劳动水平，建立公民意识，为国家和社会的未来发展贡献自己的智慧和力量！

韩伟民

2023 年 5 月

目录

二十四节气——
中华传统文化的智慧结晶

二十四节气七言诗

地球绕着太阳转，绕完一圈是一年。

一年分成十二月，二十四节紧相连。

按照公历来推算，每月两气不改变。

上半年是六廿一，下半年逢八廿三。

这些就是交节日，有差不过一两天。

二十四节有先后，下列口诀记心间：

一月小寒接大寒，二月立春雨水连；

惊蛰春分在三月，清明谷雨四月天；

五月立夏和小满，六月芒种夏至连；

七月小暑和大暑，立秋处暑八月间；

九月白露接秋分，寒露霜降十月全；

立冬小雪十一月，大雪冬至迎新年。

抓紧季节忙生产，种收及时保丰年。

二十四节气最早起源于上古农耕时代

早在春秋战国时期，农业生产是维系整个社会存在和发展的根基，搞好农业生产自然成为人们生活中最重要的事情。但是要搞好农业生产，首先要掌握农时，把握自然气候的变化规律，利用最有利的时节播种，最大限度地减少农作物的损失。那么怎样才能有效地把握自然变化的规律呢？开始的时候，人们从观察物候的变化入手。什么叫物候？就是自然界生物和非生物对气候变化的反应。这些反应都是有规律可循的。

西周和春秋时代的人们用土圭来测日影，利用直立的杆子在正午时刻测其影子的长短，把一年中影子最短的一天定为夏至，最长的一天定为冬至，影子为长短之和一半的两天分则定为春分、秋分。

战国末期，即公元前 239 年，又增加了立春、立夏、立秋、立冬四节气（《吕氏春秋·十二纪》）。到汉代时，历时数千年，既反映季节，又反映气候现象和气候变化，能够为农牧业提供生产日程的二十四节气全部完备。

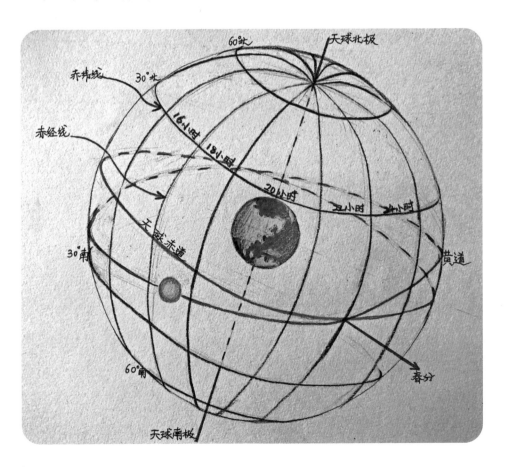

　　勤劳智慧的古人，在确定二十四节气的名称时，也考虑到了当时的气候变化、物象反应及农事活动。预示季节转换的有立春、立夏、立秋、立冬、春分、夏至、秋分、冬至八个节气，反映气温变化的有小暑、大暑、处暑、小寒、大寒、白露、寒露、霜降八个节气，而雨水、谷雨、小雪、大雪四个节气预示的是降水的时间和程度，惊蛰、清明、小满、芒种四个节气则反映了自然界生物顺应气候变化而出现的生长发育现象与农事活动情况。

　　二十四节气是中国古代劳动人民智慧的结晶，它浓缩了对天气及如何适应环境的理解。其意义深远，用途广泛，与我们生活的方方面面都有着密切的联系。它不仅是农业生产的规划表，也是重要的民间传统节令，指导着人们的生活。时至今日，二十四节气的饮食和养生也备受人们的推崇。

　　二十四节气不但和农时、农作物、气候、地理有关，也与我们的身体、心理、生活、疾病有关，与我国的中医理论、中医治疗、食疗、中医养生密切相关。

春天到，鸟儿叫。
耕牛忙，人欢笑。
树长叶，地生苗。
水肥沃，种子乐。

第一篇

立春

公历每年
2月3日至5日
——
太阳到达黄经315°时
为立春

京春将至　咬春当时
春饼益食　合理膳食
强身健体　劳作种植
立春一日　百草回芽

　　立春时，北方人的食物还是以冬季储存的大白菜、土豆、白萝卜、胡萝卜、洋葱、干菜、咸菜等为主，主食以大米、玉米面、白面为主，还会有一些大豆（黄豆）、绿豆、红小豆。以前，在我国的南方，食物种类会多于北方，南方人餐桌上的食物品种比北方人的要丰富得多。随着社会的发展、经济水平的提高、交通的便利，现在我们餐桌上的食物，已经不再分东南西北了，也不再分一年四季了，各地、各季的食物已经可以同时占领市场和餐桌了。

第一节　节气课

一、健康老师有话说

🍚 饮食注意营养和卫生

立春以后，我们应该多吃些绿豆芽、黄豆芽等芽菜，也可以多吃些升阳的食物，如韭菜、韭黄、蒜黄、蒜苗等。打春（立春）后细菌、微生物也开始滋生，所以要注意饮食卫生，也要少吃辛辣、过咸的食物。

立春时节养生粥

粳米、花生、小米、大枣、百合、桂圆一起熬煮成粥。

立春的民俗饮食

　　立春也叫打春、咬春。立春当日，老北京人有吃春饼（荷叶饼）的习俗。

春捂秋冻

　　立春不等于天气就变暖和了，从体表温度上感觉还是冬天。虽然打春了但是天气还是很冷的，气温变化无常。人们应该随春天天气的变化来增减衣服，我们有"春捂秋冻"之说。

二、科学老师有话说

春打六九头

　　在老百姓口中流传着这么一句话，叫"春打六九头"，也就是说立春是在传统的"六九"前。古语云："五九和六九，抬头看毛柳。"意思是到了"五九、六九"时，柳树开始变绿。

春雨过，万物苏

立春后，土地变得潮湿（返潮），各种植物开始返绿，意味着新生命的开始。拨开朝阳处的小草，可以看到里面发绿的小芽。什么毛草呀，蒿子呀，特别是北方的茵陈蒿，返绿最早最快。北方的冬小麦是粮食作物最早"起死回生"的物种，给青黄不接时的人们带来福音。

第二节　劳动课

立春谚语

一年之计在于春，一日之计在于晨。

在北方地区，到了立春节气虽然天气还很冷，但是却挡不住植物的发芽，比如白菜的心就开始发芽了。同学们可以在家把家里的大白菜根部外面长的大疙瘩切下来，切成立着的大三角形。

可以准备两个花盆，在里面放含有机肥料的土，把切下来的白菜疙瘩埋入其中一个花盆的土里浇上水。几天后，白菜疙瘩上面就会长出小菜叶，中间会长出葶子花茎，再过几天葶子花茎上就会开出小黄花。学生只要精心照料，小黄花就会变成小果实，也就是"打籽"（结籽）了。等到"籽"长老后就可以摘下来撒到另一个花盆中，等到夏季二伏天时种大白菜。有谚语："头伏萝卜，二伏菜。"

如果把切下来的大白菜疙瘩找个容器泡在水里，几天后大白菜疙瘩也能长出花蕊，开小黄花，但是不会"打籽"。每天都要为大白菜疙瘩换水，不换水就会发臭。

学生可以观察：为什么大白菜疙瘩种在土里就能开花结果（打籽），而泡在水里只开花不结果（打籽）？

冬储大白菜

打春后白菜

春天的种子菜

结籽的白菜

第三节　营养课

● 蛋皮肉馅蒸卷

原料：鸡蛋、肉馅（瘦猪肉或牛肉、鸡肉均可）。

调料：酱油、香油、五香料、姜、淀粉、食用油。

制作：

1. 电饼铛预热，打蛋液，把蛋液均匀地倒入饼铛内用铲子摊匀，不用盖上盖儿，只要一面有色即可，定型后铲出备用。

2. 用酱油、香油、五香粉、姜末调馅，不用放盐。俗话说"蒸咸煮淡"，食物越蒸越咸、越煮越淡。

3. 把调好的肉馅均匀地抹在蛋皮上卷好，用淀粉糊封口放在蒸盘上，蒸盘上可封上铝箔纸或油纸等，蒸的时候不能有水汽进入盘内。

4. 凉锅就可以直接把蛋肉卷放入锅里的屉上。开锅后大火蒸15～20分钟就可以。先不要打开锅盖，等热气消去后再开盖。取出后可切块直接装盘食用，也可以自己配制味汁蘸着吃等。

　　这款蛋皮肉馅蒸卷味道鲜美，老幼皆宜，再搭配上主食和新鲜的蔬菜一起食用，就能够满足人体营养平衡的基本需求。

　　蛋皮和肉馅都属于动物性食物，可为人体提供优质蛋白质和其他营养素。蛋白质是构建生命组织的基础，没有蛋白质就没有生命。采用蒸的方式非常好，可以减少烹饪过程中食物营养的流失。

第二篇

雨水

公历每年
2月19日前后
————
太阳到达黄经330°时
为雨水

春雨如油　草青树绿
水沛土肥　丰收在季
人心似金　体壮如牛
雨水惊蛰紧相连
植树季节在眼前

　　在雨水节气时，北方主要是以食用干菜和咸菜为主，有条件的可以补充豆腐。这个时节，南方的蔬菜种类多于北方，北方有条件的地区会种些菠菜和韭菜，这两种蔬菜生长的时间短，随时可以上市和食用，也成为北方人最早的时令蔬菜。

第一节 节气课

一、健康老师有话说

💬 注意营养和保暖

雨水节气的日常食物应多选择健脾胃的甘甜食物，如豌豆苗、藕、茼蒿、韭菜、香椿、荠菜、春笋、山药、芋头、鱼、荸荠、甘蔗、红枣、燕麦及各种坚果、豆类等。

雨水是春季的第二个节气，这个时候的"倒春寒"是最严重的。初春天气变化无常，稍微不注意就会感染上风寒，所以要注意保暖。

雨水时节养生茶

枸杞子、黄芪、菊花泡水喝，能滋养内脏之气，助肝阳升发。

雨水时节养生粥

首选红枣莲子粥、薏米山药芝麻粥。

二、科学老师有话说

🐚 要防灾防病

北方的雨水季节往往会出现"倒春寒"，北方有"春寒冻死牛"之说，是非常严重的自然灾害。气温骤降对冬小麦是致命的伤害，轻者减产，重者无收。

南方的天气以多雨为主，季风来往频繁，河水开始上涨。人们准备繁忙种植作物的同时，也要开始准备预防洪涝灾害和台风了。

雨水节气时，对饲养的家禽、家畜要开始增加饲料了，因为家禽、家畜要准备繁衍后代了。

所以，这个节气是人们最紧张、最繁忙的季节，所谓"一年之计在于春"，春，在于雨水。

第二节 劳动课

雨水谚语

春雨贵如油。

雨水非降雨，还是降雪期。

雨水有雨庄稼好，大麦小麦粒粒饱。

在我国北方地区，到了雨水节气天气未暖，可是家里储存的葱、蒜、土豆等食材却发芽了（长芽）。

同学们可以把已经长芽的蒜培育成青蒜（也称蒜苗）。经过阳光照射，蒜苗就呈绿色，不见阳光，长出的就是黄色的蒜黄。这样既不会浪费，也能增加经济价值。一头大蒜培育成可食用的青蒜，经济价值是原有的数倍、十几倍甚至几十倍。

1. 准备一个盘子或使用过的一次性餐盒。

2. 把大蒜去皮。

3. 准备细铁丝或能弯曲的细竹皮丝。

4. 用铁丝或竹皮丝把每一个蒜瓣从外侧串起来，窝成圈盘起来，放入深盘或一次性塑料餐盒里。穿蒜瓣时不能伤到蒜瓣的心部。

5. 在蒜瓣的根部浇水，最多不能超过蒜瓣的四分之一。每天换水，放到室内向阳处。

水种的青蒜（蒜苗）长得很快，一周左右就能食用。学生自己种植的无污染、无公害的绿色食材就可以收获了。

大蒜

秋后种植的大蒜

春天种植的大蒜

劳动评说　　在动手穿蒜瓣时注意安全，不要戳伤手。剥蒜穿蒜时手上可能会粘到蒜汁，此时不要摸眼睛、口鼻等，避免刺激，注意及时洗手。

第三节　营养课

用电饼铛烙肉饼

1. 自己和面（用筷子搅面）。

2. 可以购买现成的牛肉馅或猪肉馅。

3. 自己拌馅。加生抽、香油、少许胡椒粉。

4. 切葱花，拌入馅中。

5. 将馅包入和好的面中，做成饼状。

6. 电饼铛预热后，把肉饼放入电饼铛，调好温度和时间即可。

营养评说

外酥里嫩，满口肉香，这香香的肉饼大概没有什么人会拒绝，面皮和肉馅的完美搭配，使得肉饼营养又美味。但能把肉饼烙好需要一定的经验，首先面要和得很软（比包饺子的面要软很多），不然饼皮太硬会影响口感。

同学们第一次练习烙肉饼，应在家长的指导下体验，也可以借鉴网上的视频操作，多观摩多练习，相信你很快就能掌握啦。

第三篇

惊蛰

公历每年
3月5日至7日
——
太阳到达黄经345°时
为惊蛰

惊虫似虎　病菌横孳
危机伏起　伤身损体
灭疾控病　预防为系
过了惊蛰节　春耕不能歇

　　惊蛰，是雷声惊醒、惊动生命的意思。这个节气的前后，也正处在农历的二月份，我国有"二八月，乱穿衣"之说，指的是农历二月、八月的气温变化无常，忽冷忽热，今天穿短袖，明天穿大衣。人们对温度的感觉也都不一样，所以这个节气的街头，就是服装的博览会，穿什么衣服的都有。

　　在环境上，北方大部分的土地开始松动，人们完全进入春耕。我国的东北地区还仍然处于天寒地冻的情况，但是也不会影响人们的出行和进行农耕的准备。

第一节 节气课

一、健康老师有话说

适当增加肉类、豆制品、水生类食物

惊蛰节气的日常食物应多选新鲜的蔬菜、水果、谷物及肉类和豆制品等蛋白质丰富的食物，也可以选择一些水生类食物。如春笋、茄子、菠菜、芹菜、青蒜、芝麻、蜂蜜、乳品、豆腐、鱼、禽类肉、柚子、梨、枇杷、罗汉果、橄榄、甘蔗、五谷杂粮、核桃、莲子、银耳等，均可提高人体的免疫功能。

惊蛰时节养生粥

山药粥。

注意卫生，室内通风，预防传染性疾病的传播

惊蛰是风季的最后一个节气，正是流行病多发的时期。因此，在这个时节，人们要注意卫生，室内适当、适时地通风。体弱的群体、老年群体及幼小的孩子要少去人多密集的场所，以免被传染。

二、科学老师有话说

一声春雷叫醒了整个大地，惊醒了所有冬眠的动物

古代传说雷电在秋天的时候藏入泥土中，进入春耕时节，农民伯伯一锄地，雷电就会破土而出，于是一声惊雷叫醒了整个大地，惊醒了所有冬眠的动物，所以这个时期叫作"惊蛰"。

动物多病和易发生死亡的时候

惊蛰节气过后，无论什么样的冬眠动物都会苏醒过来，结束冬眠，开始寻找食物。野生动物体瘦、虚弱，又要开始怀胎、生育后代，所以这个节气也是动物多病和易发生死亡的时候。家畜也是一样，这个时节发病率也是很高的，南方的禽流感、北方的猪流感都进入高发期，对环境、其他动物、人类的危害是很大的。如我国发生的历次严重的禽流感、猪流感，甚至是严重急性呼吸综合征（"非典"），都发生在这个时节。在这个时节里，人们应该随时警觉。

第二节　劳动课

到了惊蛰节气，农田里的冻土就开始融化了，地温会快速上升，在地下过冬的虫类已经复苏了。

我们的同学们可以到大自然中去体验春天的美好，同时也别忘了藏在地下，被农民伯伯称为"地老虎"的肉虫子也要兴奋起来了。别看"地老虎"是个只有一厘米左右的肉虫子，它们却很厉害，专咬各种植物的根，特别是粮食类植物的根，还会吃掉我们春天种在地里的各种种子，如豆类的种子、花生的种子。只要"地老虎"把粮食作物的根吃掉，长出来的作物用手一碰就会倒下死亡。如果"地老虎"把我们种下的种子吃掉，当我们过些天发现还没有长出苗再去补种，就来不及了，即使补种了也会减产。如果是玉米地里的"地老虎"没有把玉米植物的根全吃掉，可是当玉米长高了，"地老虎"会爬到玉米的秸秆上啃食，仍会造成玉米作物的死亡。如果玉米作物没有被咬死，长大后结了玉米棒子，"地老虎"也不会放过，会钻进玉米棒子里咬食玉米粒。所以说"地老虎"是一种对农作物危害极大的害虫。

同学们可以在这个节气里，拿一个小瓶子和小铲子到农田里去挖"地老虎"，把挖出来的"地老虎"装进瓶子里，回来后可以直接喂鸡、鸭和鸟类，也可以把瓶子灌进水，消灭它。

学生挖"地老虎"

"地老虎"的幼虫

变害为宝

观察虫子

　　土地包容万物，不过以农业为生的人们最怕的就是破坏农作物的虫子。除了用农药除虫，还可以用人工捕捉的方式，健康环保。捉来的虫子也可以变害为宝，这样可以理解为自然界万物没有绝对的好坏，站在人类的角度来说，关键在于能否将其放在正确的位置，正确利用。

第三节 营养课

🥄 用电饼铛摊鸡蛋水饼

1. 准备鸡蛋、面粉、水、盐。

2. 把面粉用水拌好。

3. 放入鸡蛋调好。

4. 放盐。

5. 电饼铛预热后，倒入面糊摊匀即可。

6. 盖好盖儿，很快就可以做好。

营养评说

　　鸡蛋水饼简单易学，再搭点小菜，配上一杯牛奶或豆浆，就是一份优质早餐啦。鸡蛋与不同的辅料搭配，就能变换花样做出各种各样的美味佳肴。鸡蛋富含优质蛋白，也是最普通廉价的营养食材。它们曾因胆固醇含量偏高而备受争议，但新的研究表明它们非常安全和健康。鸡蛋中蛋氨酸含量特别丰富，而谷类和豆类都缺乏这种人体必需的氨基酸。鸡蛋与面粉的混合，提高了蛋白质的互补作用。鸡蛋中的卵磷脂等营养素，可增强少年儿童的体质，促进大脑神经系统的发育。

第四篇

春分

公历每年
3 月 21 日前后
——
太阳到达黄经起点 0°
为春分点，即春分

春分两气　冷热交替
缺阳少阴　危损身体
保温御寒　切忌更衣
吃了春分饭　一天长一线

春分是春季 90 天的中分点，所以称为"春分"。从春分起，我们告别风季进入暖季。这是个比较理想的季节，春暖花开，阳光和煦，万物都欣欣向荣，是户外踏青的大好时节。可是，北方气温变化很大，春分出现"倒春寒"的概率也更高。因此，春分时的"倒春寒"会导致冬小麦死亡，或使小麦减产，对其他农作物的种植危害也很大。不过，随着我国经济水平的提高、科技水平的高速发展，广大地区普遍采用了蔬菜大棚、室内种植技术，保证了粮食等农作物的产量，也使蔬菜、水果没有了一年四季之分，而是多品种、长年多次生长，从而满足了人们的需求。

第一节　节气课

一、健康老师有话说

多选择富含维生素和矿物质的食物

春分是暖季的第一个节气，气温还不稳定，正是冷热交替，冷一阵、热一阵的时候。这时人体内的阴阳之气也因为天气的变化而上下浮动，体质虚弱又欠缺保养的朋友很容易出现阴阳失调的情况。所谓阴阳失调，轻一些的时候是亚健康，发展到一定程度就成了疾病。

因此，春分时节应多选择富含维生素和矿物质的食物，尤其是富含优质蛋白的食材。由于人体内的蛋白质分解加速，营养构成应以高热量为主，所以鱼、肉、豆、蛋、奶不能少。此外，小白菜、油菜、柿子椒、胡萝卜、莴笋、菌类、藻类、菜花、西红柿、香蕉、梨等这些富含维生素 C 和钾的蔬菜、水果每天来一份，可以增强机体的抗病能力。除此以外，在春分这个时节，北方的人们还应该注意适时适量地补充饮水。

春分时节养生粥

桂圆肉、莲子、大枣、枸杞子、粳米。

春分的民俗饮食

菜团子。过去，在老北京，春分是青黄不接的时候，没有蔬菜，所以人们会在家发绿豆芽，在盘子里种青蒜，吃储存的干菜，用干菜做成菜团子。

二、科学老师有话说

开始走向温暖的第一个节气

在气候上，春分是我国结束冬季，进入春季，开始走向温暖的第一个节气。我国各地区的地理位置不同，温度也不相同。南方的广大地域，气温普遍较高，很适合农作物的种植和生长。在我国的中原、华北地区，温度还比较低，也是我们北京老百姓比较难熬的时候，供暖刚刚结束，气温变化还很大，昼夜温差也比较大，这时在室内往往会感到阴冷难受。而我国的东北地区，在春分时节还没有完全摆脱冬天的寒冷，还是处在冰封的环境中。这就是在我国广大的国土上存在的气候差异。

🌀 生龙活虎

春分时节后，各种动物开始进入交配期，特别是我国的广大牧区，到了春分以后，牛、羊、马等牲畜开始"生龙活虎"，牧民更是开始忙碌起来。

第二节　劳动课

春分谚语

春分到，燕子回，昼夜正平分。

春分麦起身，一刻值千金。

到了春分节气，同学们可以把自己家里买的各种萝卜的头切下来放在盘子里，只需要每天换水就能很快长出萝卜缨来。当萝卜缨长到十几厘米长，就可以剪下来食用。萝卜缨洗干净可以直接蘸甜面酱，也可以蘸着炸好的黄酱吃，或者切成段放在盘子里，放适量生抽、醋、白糖、香油做成凉菜吃。

丰收后的萝卜   母本萝卜

开花结籽

一般我们吃萝卜主要是吃埋在地下的根部，通过亲手培养可以观察到萝卜的地上部分，还能品尝到同一种植物不同部位的风味。这样可以帮助同学们从更全面的角度认识身边熟悉的事物，对自然万事万物有更多的理解。

第三节　营养课

用电饼铛制作肉排

1. 在超市买好牛肉里脊（可让师傅切成适当大小的块儿）。

2. 把肉放在菜板上，可用擀面杖直接砸扁，多砸一会儿。

3. 把肉砸好后，可多上烧烤酱料，腌制半小时左右。

4. 电饼铛提前预热，放入肉排，调好时间即可。

营养评说

　　同学们一般都比较喜欢吃牛排，它也确实是好吃又营养。牛肉是优质蛋白质的最佳来源之一，牛肉富含铁元素，对于改善缺铁性贫血很有帮助。牛肉的营养价值在畜肉里面是上等的，因为牛肉脂肪含量更低，蛋白质含量更高。中医学也认为牛肉能养气血，补脾肾，强壮身体。

　　牛肉还可以做出很多美味佳肴和零食小吃，同学们想一想都有哪些呢？

第五篇

清明

公历每年
4月5日前后
——
太阳到达黄经 15° 时
为清明

清明祭祖　前人难忘
厚德载物　教识育人
发扬光大　勿忘国耻
清明前后　种瓜点豆

　　清明就是给人以清新明朗的感觉，是暖季的第二个节气。清明过后，天气更加暖和了。清明时，我国除东北与西北地区外，大部分地区日平均气温已升至12℃。"清明时节雨纷纷"，此时雨量增多，花草树木开始出现新生嫩绿的叶子。民谚说"清明前后，种瓜点豆""植树造林，莫过清明"。这大好的春日时光，正是农民伯伯忙碌的日子，也是旅游踏青的最好时光。

第一节 节气课

一、健康老师有话说

☁ 吃温性的食物

人们到了清明时期，刚刚结束了寒冬，身体刚进入阳气升发的阶段。此时人们应该适量地吃些温性的食物，如羊肉、鸡肉、豆制品等，这样有利于身体阳气的升发。

清明时节养生粥

　　黑米、黑芝麻、黑枣、薏苡仁、红小豆、杏仁配以粳米。

清明的民俗饮食

　　打卤面。

🍃 预防花粉、昆虫过敏

　　清明对于健康有着重要的意义，因为此时正逐渐过渡到夏季，处于冷暖空气交替相遇之际，时热时冷，细雨纷纷，湿气较重，人体容易感受湿邪，尤其是老人家，易出现关节疼痛等病症。清明也是繁花盛开、树木葱绿之际，是花粉、昆虫引发过敏的高峰期。另外，人体内的肝气在春季日渐旺盛，在清明之际达到最高峰，此时不宜进补，否则便是火上浇油。患有高血压的人群要格外注意，尤其是老人，容易出现头痛、眩晕一类的症状。

二、科学老师有话说

🐚 清明前后冷十天

清明时节，在我国南方已经由温暖向热的天气发展了，而在广大的北方，特别是在北京附近，虽然已经进入暖季，但民间有"清明前后冷十天"的说法，所以在北方清明时节有时还是会冷的，特别是在阴雨天气里，阴冷现象还是有可能出现的。

🐚 保护生物链

清明过后，无论是家禽、家畜，还是野生动物，都进入生长、繁殖的阶段。因此，我们应该注重对生物链的保护。

第二节　劳动课

清明谚语

清明前后，种瓜种豆。

清明雨星星，一棵高粱打一升。

到了清明节气，北方地区在过去除了有扫墓、祭祀等传统的活动外，更不能忘记生产劳动，最常见的就是孵鸡、孵鸭、孵鹅，最多的还是孵小鸡。孵小鸡很有趣，这应该是同学们最爱干的活。

孵小鸡有两种方法，一种是鸡孵鸡，一种是人工孵小鸡。

鸡孵鸡是要具备一定条件的，必须有"把窝"的母鸡。母鸡在特定情况下才会"把窝"，这是很难的。即使有，孵出来的小鸡也很有限，最多也就十几只。因此，还是以人工孵化为主。俗话说："鸡孵鸡二十一，人孵鸡二十七。"也就是说老母鸡孵小鸡需要 21 天，人工孵小鸡需要 27 天，小鸡才能破壳而出。

1. 选蛋要选无破损、无裂缝的鸡蛋。铁皮蛋、圆形蛋（乒乓球形）、鸡蛋外壳有棱有颗粒的都不能孵小鸡。能孵小鸡的蛋必须是有明显的一头大一头小的受精蛋（卵）。

2. 选好鸡蛋后，要把鸡蛋清洗干净，然后用 2% 的高锰酸钾水进行杀菌消毒，再用清水冲洗。

3. 把冲洗后的鸡蛋擦干放到孵小鸡的容器内。孵小鸡的温度前 6 天为 38.5℃，7 ~ 14 天是 38℃，14 天后是 37.5℃ 左右。每天要喷点水保持一定的湿度，每天还要进行翻动。

如果在家里，可以去郊区农家院买适合孵小鸡的鸡蛋，在家里准备一个里面有格子的木箱。过去是把箱子放在火炕上，后来也有在箱子里面放上灯泡的，现在可以买到恒温器。这样，在家里就可以孵小鸡了。

鸡蛋孵到一周时，可以用手电筒照一照鸡蛋，看看鸡蛋有没有变化，有变化的就继续孵，没有变化的说明是不能孵小鸡的蛋或是死蛋，就要挑出来。

在 27 天时，小鸡就会自己破壳出来了。

种蛋

选蛋

鸡孵鸡

人工孵鸡

快乐的小鸡

"先有鸡还是先有蛋"是千古难题，不过我们可以通过劳动见识"鸡生蛋"和"蛋生鸡"的过程，还可以学习使用温度计和湿度计，注意在给鸡蛋消毒的时候记得戴手套。小鸡破壳需要时间，借此可以培养大家的耐心，也可以体会生命的可贵。

第三节　营养课

🍞 发面饼

1. 准备面粉200克，酵母粉3～4克，水150克左右。

2. 和好面后，饧60分钟左右（夏季时间短点，冬季时间长点）。

3. 面板上放少许面粉，把面下好剂子，用擀面杖擀成 5 ～ 7 毫米厚。

4. 电饼铛预热，调好档位，将面饼放入烤熟即可。

我们常吃的面粉是由农民伯伯种植收获的小麦，经过去除糠皮、精细研磨之后得到的。面粉主要为我们提供糖类，是人体能量的主要来源。面粉加入酵母，不仅促进了面团松软发酵，增加了口感，更有利于消化吸收，还能提高食品的营养价值。

第六篇

谷雨

公历每年
4 月 20 日前后
——
太阳到达黄经 30° 时
为谷雨

谷雨时节　栽瓜种豆
误时必减　得天即厚
更陈补新　代谢康身
　清明后　小满迟
谷雨种花正当时

　　谷雨前后，天气变暖，我国除了青藏高原和黑龙江最北部气温较低外，大部分地区的气温已在 15℃以上。在这暖季的第三个节气里，天气越发暖和，而且已经开始有透出热的感觉了。

第一节　节气课

一、健康老师有话说

调整饮食

　　到了谷雨时节，人们户外活动量会增大，所以应该及时地调整自己的饮食。特别是体力劳动者和运动量大的人，应该多摄入一些粮谷类的食物和肉、蛋类的食物，以增加自身的能量，保证自己的体力。到了谷雨时节，在过去，南方可以吃到多种青菜，而北方的青菜种类还是很有限的。可是现在不同了，一年四季，南北方的人都是一样的，菜篮子是丰富的。所以，人们在谷雨时节还应该适量食用瓜类、海鲜类、祛火排湿类的食物等。

谷雨时节养生粥

　　生姜、糯米、砂仁、粳米。

谷雨时节养生茶

枸杞子、怀菊花、玫瑰花、菊花泡茶饮。

谷雨的民俗饮食

红馅梅花酥（红小豆馅）。

谷雨时节正处于青黄不接的后期，老北京人主要吃储存的干菜，如黄花、木耳、海带等。

多饮水，保证睡眠质量

到了谷雨时节，人体的新陈代谢会不断地加快，所以人们应该适当地增加运动量，更应该适当、适量地出出汗，还要适量地补充水分，更好地促进新陈代谢。到了谷雨时节，人们白天的活动增多，夜里需要更好地休息。因此，保证睡眠的质量是很重要的，特别是在生长发育中的未成年人。

二、科学老师有话说

动物、植物和人生长的最佳时机

在我国，到了谷雨时节，白天与夜间的时长相比越来越长，无论南北，气温都在快速升高。在南方，实际已经进入雨季。在北方，正常的年景里，雨水也快速增多，空气逐渐潮湿，气压也开始走低。无论是南方还是北方，到了谷雨时节，自然环境都显得很有生机，是人类、动物、植物生长的最佳时机。

促进新陈代谢、生长发育最好的时期

谷雨时节，室外温度适中，阳光既充沛又不过于强烈，人类和其他动物在室外和大自然中活动的时间最长，因此，是促进新陈代谢、生长发育最好的时期。

谷雨时节也是种植农作物最理想的时候，所以民间有"谷雨前后，栽瓜种（点）豆"的说法。特别是在我们的北方地区更是如此，谷雨时节是种植农作物最忙的时候。"一年之计在于春"，实际上指的是春天农作物的种植情况。

第二节　劳动课

在北方，到了谷雨前后，除了农时上的栽瓜种豆，还有很多要干的农活和要做的事情。

最适合小学生的劳动是采茵陈。茵陈是一味功效比较多的中草药，而且无毒，能够入脾、胃、肝、胆经，是清热利湿和预防治疗流感、结核、肝炎的中药，特别适合春季流行病的防治。因此，采茵陈是春季最传统的工作之一。

农俗和中药学认为：三月茵陈四月蒿，五月茵陈当柴烧。这也就是说到了农历三月份，就得把茵陈采回来，这时的茵陈才能入药。如果是到了农历四月份，茵陈就长大变成了蒿子。到了农历五月份，茵陈能长到大洗衣盆那么大甚至更大，在过去就只能当柴火做饭用了。

其实茵陈是一种带白毛的扁蒿，春天长得早而且快，稍不注意就长大了，失去了药用价值，所以在谷雨前后是采集茵陈的最佳时节。茵陈多在北方生长，一般在野地里都能见到，特别是郊区的山坡向阳处尤其常见。

采摘茵陈既安全又不累，是很适合低年级学生参加的劳动。

1. 在野地向阳处寻找。

2. 找到扁形带白毛的小蒿子。

3. 用小铲铲起来，也可以用手直接去拔。

4. 采集回来后晾晒干即可。

采茵陈

　　中医药是中华民族的瑰宝，是中华文明宝库的璀璨明珠，闪耀着中华优秀传统文化的光芒。所谓中药就是在中医学理论指导下使用的药物，遍地看似普通的植物早已被我国古代智慧的祖先发现了其药用价值。小茵陈有大作用，早在东汉时期，张仲景的《伤寒论》中就应用茵陈治疗黄疸病，对应现在的黄疸型肝炎。大家可以去田野里认识这种神奇的植物。

第三节　营养课

家庭烙饼

食材：面粉、水、油、盐。

厨具：电饼铛、面板、擀面杖。

制作：

1. 把面和好（比饺子面软）。

2. 把面放面板上，用擀面杖擀成 5 毫米厚的片。

3. 撒上少许盐，再倒上油。把面用油蘸匀。

4. 卷成长卷。面多可揪成剂子。

5. 用手压扁，用擀面杖擀成 7 毫米左右厚。

6. 电饼铛提前预热。

7. 把饼坯放入铛内，盖上盖即可。

> **营养评说**
>
> 　　只用水和面，不加酵母粉，不需要经过饧发而烙出的饼，一般俗称为死面饼。因为没有经过发酵，所以没有发面饼宣软，但也更筋道有嚼劲儿。
>
> 　　烙死面饼的面要和得十分软，烙出来的饼才软硬适中。死面饼最好是刚出锅趁热吃，若久放凉吃，不仅口感硬，还不太好消化。

夏天到，暑热叫。
雨水多，鹈鸪笑。
麦子收，禾苗壮。
人畜勤，为秋获。

第七篇

立夏

公历每年
5月5日至7日
——
太阳到达黄经45°时
为立夏

夏人无神　休体调眠
食材集聚　择适利己
日炎夜热　寝食难安
立夏不热　五谷不结

立夏是暖季的最后一个节气。这时，天气已经不再仅是暖和了，炎热的脚步逼近了。

立夏是在五月初，也是夏季的第一个节气。到了立夏节气就意味着开始进入夏天了，但是在广大的北方地区，实际上还没有真正地进入夏季，天气还不是太热，人们还不会感觉到燥热或闷热。但是在广大的南方地区，到了立夏确实是已经进入了夏季。气温会比较高，空气的湿度也很大，洗的衣物也不容易干。

第一节 节气课

一、健康老师有话说

饮食补养，排湿解热

暑为阳邪，能消耗人体的能量，所以要抓紧时间储备能量以应对酷夏。立夏后，人们的饭量会减少，所以应该多补充一些富含营养的食物，如禽类、蛋类、奶制品、鱼类。另外，立夏以后，人们应该多摄入具有排湿解热功效的食物，如薏米、姜、山药、藕、萝卜、红小豆、绿豆等。

立夏时节养生粥

　　人参、白术、茯苓、炙甘草、大米。

立夏时节养生茶

　　以绿茶为主，老人和儿童宜适量饮用淡茶。

立夏的民俗饮食

　　打糊饼。

注意防暑降温

　　暑热渐渐增多，很多人常会出现身体不适，或消瘦，或食欲缺乏，或睡眠不佳，整日昏昏欲睡、气虚神倦乏力等，有人一动就大汗淋漓、气喘吁吁，有人在室外待久了就容易中暑、昏厥。故需要注意防暑降温。

防台风和水灾

随着夏季的来临，台风也开始增多，自然灾害也会频发，主要是水灾和泥石流。立夏以后，河水水位会逐渐地高起来，所以人们在出行的时候应该多注意安全。每年夏季都是溺亡的高发期，特别是青少年儿童，我国每年有三万多14岁以下的儿童死于溺水。因此，这值得所有的家长保持警惕。

立夏不热，五谷不结

到了立夏，我国的自然环境多以绿色植物和水体来充实。我国广大地区的温度多已达到20℃以上，这个温度是很适合农作物生长的，所以民间有"立夏不热，五谷不结"的说法。

立夏以后，很多哺乳动物的幼崽都已经到了出生的阶段，禽类动物也已经开始"破壳"而出了。所以立夏以后也是动物的"天堂"时期。

小知识

立夏正是我国广大地区人们出游的好时节，特别是在我国的北方地区，各种山花开始争艳；尤其是梨花和桃花，更是艳丽多娇。桃花还有美容养颜、减肥、调经、活血、利水、通便的作用，有利于促进血液循环和新陈代谢，改善皮肤状况，所以桃花也有"女人之花"的称号。可将其制作成桃花蜜，冲泡饮用，对人体有益。但不宜多食、久食。

桃花的确是个好东西，所以会形容人的肤色好似"粉面桃花"。自古以来，就有很多关于桃花的故事和形容桃花的词语，如"桃之夭夭，灼灼其华""人面桃花相映红"等，桃花象征"春天、爱情、艳丽、长寿"等；形容培养的学生或后辈很多，各地都有，也可用"桃李满天下"等。

第二节　劳动课

立夏谚语

多插立夏秧，谷子收满仓。

豌豆立了夏，一夜一个杈。

立夏节气前后，在北方地区，小学生可以养蚕。这时候桑树叶很多，容易找到，小学生也适合养蚕劳动。

1. 在立夏前，把蚕卵用淡茶水喷湿，幼蚕会很快长出来。

2. 幼蚕出来后，放在盒子里，可以喂人们喝剩下的、没有颜色的茶叶。

3. 当蚕长到5毫米以上时就可以喂新鲜的小嫩桑叶。

4. 蚕长大了就可以喂大的桑树叶。

蚕吐丝时，如果自己喜欢片状的，就把蚕放在平板上，蚕就能在平板上吐丝，最后形成片状。如果要圆茧，就把蚕放在小盒子里，蚕就会在角落里做成茧。

幼蚕食茶叶

成蚕食桑叶

万能的蚕丝

养育蚕宝宝是培养小学生爱心的一种方式，也有利于培养小学生的观察能力、耐性和细心。平时可以通过拍照、录视频、写日志的方式记录蚕宝宝的样子，擅长画画的同学还可以把从蚕卵到飞蛾的整个变态过程画下来，像达尔文、梅里安等博物学家小时候一样。

第三节　营养课

● 桃花蜜

选质量好的蜂蜜 1000 克（可根据自己的需要准备），将其放在一个洁净无菌的容器里。蜂蜜占容器的 2/3 或 3/4 均可。带上装好蜂蜜的容器到桃树林里采集一些桃花，放到容器里。注意，应选择干净的、无污染的、无农药的、远离路边的桃花。

还要注意不要去破坏桃树，选花要选桃树上多余的桃花或不"做果"的桃花。记住，桃花不能用水洗，可以用嘴吹去上面的尘土。尽量把容器装满。在装桃花的过程中，要不断地搅拌，使蜂蜜和桃花能充分融合在一起。把装满蜂蜜和桃花的容器带回家后，要密封好，放到阴凉干净的地方。放置一个月后就可以开封食用了，每天一勺（约 10 克）就可以，最好是饭前一小时服用。

营养评说

小学生们可以做桃花蜜送给自己的母亲，连续食用两个月后，肤色会有很大改善，皮肤变得白里透红、细腻、亮丽，皱纹及色斑也会减少。当然，父亲还有家里的其他长辈也可都可以食用。但血糖高的人群要慎用或禁用，肥胖者也应该慎用。

第八篇

小满

公历每年
5月20日至22日
——
太阳到达黄经60°时
为小满

五月来　桃花开
保健康　除瘟害

　　小满节气，除了东北地区和青藏高原未进入夏季以外，我国绝大部分地区日平均温度都在22℃以上，真正地进入了夏季。

　　到了小满时节就进入了旅游的旺季。因为在这个节气里，天气虽然已经热起来，但是还没有达到真正的炎热；人们穿的衣服也较少，换洗起来也方便，出行带的衣服重量也轻；吃的食物的种类也多，而且价格也便宜。所以，无论是过去还是现在，到了小满这个时节，出行的人都是很多的。

第一节　节气课

一、健康老师有话说

选择有祛湿功能、易消化的食物

小满时节日常生活要注意饮食卫生，饮食上选择有祛湿功能、易消化的食物，如山药、冬瓜、陈皮、五谷杂粮、百合等。

小满时节养生粥

红小豆、薏苡仁、山药、大米、百合。

小满时节养生茶

陈皮糙米茶（糙米炒熟后和陈皮一起泡水喝）。

小满的民俗饮食

酸奶子。

🐝 做好消灭蚊蝇的卫生工作

　　小满时节最容易发生肠道传染病，因为小满时节属于初夏，气温升高，食物容易腐败变质，苍蝇、蚊虫逐渐增多，导致痢疾杆菌等病菌生长繁殖，加上雨水较多，霍乱弧菌、沙门菌等喜温暖潮湿的肠道致病菌繁殖更快。所以要消灭蚊蝇，注意饮食卫生，饭前便后勤洗手，防止传染病的发生。

科学老师有话说

农作物长势进入最好的时节

到了小满节气后，在我国的广大地区，无论南北，农作物在正常的年景下，长势都进入最好的时节。在北方，冬小麦和大麦籽粒都已经灌浆，但是还没有完全成熟，颗粒还不太饱满，所以这个时节才被称作"小满"。其他的农作物，如大豆、绿豆、黑豆等豆类也已经接近成熟，原来的主粮"青黄不接"也即将结束。20世纪50年代和60年代出生的这代人，对此是有深切感受的，只要是经历过"面朝黄土背朝天""土里刨食"，看天气吃饭的人，都会记得什么是"青黄不接"。如今，交通的便利打通了南北，蔬菜水果大棚的普及穿越了季节，人们已经没有"青黄不接"的概念了。

动物生育和发育进入高峰期

到了每年的小满时节，生物的生育、发育都开始进入高峰期了。禽类如小鸡、小鸭、小鹅等早点孵化出来的，到了小满时节就可以"一把抓"了，也就是能长到250克左右了。到了小满时节，小狗首先到了生育期，其他动物也随之进入生育期；鱼类也已经接近"甩籽"期了。这个时节的农牧民更是要忙活一阵子了。但要注意普及生态平衡的知识，提高生态平衡的意识，不要过量捕捞，要有所节制，更要守法。

第二节 劳动课

夏季是发绿豆芽的最佳季节，如果小学生在这个季节里发绿豆芽，一定能够发得很好。

1.挑选完整的好绿豆。

2.准备一个底下带孔的干净花盆或筐和篮子。

3.将选好的绿豆，用"响水"洗一下，迅速搅拌，倒出水用凉水冲。"响水"就是在火上，把水烧到刚有声音。用凉水冲是为了激一下，被刺激的绿豆发芽快，就像一个睡熟的人一样，怎么叫都叫不醒。这时有人推一下，或者拧一下，拖一下，熟睡的人会猛地醒过来。绿豆用开水烫一下就是为了刺激一下，也是在"唤醒"绿豆，也叫"热唤醒"，与夏天睡觉的人被热醒了一样。这样做，绿豆要比正常泡的发芽快。小学生为了安全也可以直接用凉水泡一个小时左右，比热水烫发芽晚些。

4.把带孔的花盆或筐用干净的白湿布铺在底上，倒入处理好的绿豆，在绿豆上盖一块干净的白湿布或湿毛巾，两天左右就能长出芽来。

5. 每天至少要浇两次水，早晚各一次。上面的布或毛巾同时要用水清洗，发芽后要在上面压上重物，这样可以"憋粗"。

6. 一周左右时间就可以把豆芽从上面取出来吃了。上面的长得快，下面的长得慢。把上面长好的绿豆芽取出后，下面的会很快长起来。

正常发的豆芽都是带根的，市面上售卖的无根豆芽，大多是经过化学催化生发的，是不正常地生长，含有对健康不利的因素，同学们要有所警觉，尽量不要购买。

除了小满，发绿豆芽二十四节气什么时候都可以，只是时间可能会稍长些。

泡豆

发豆

出芽

豆类发芽之后营养成分会有所改变，虽然蛋白质和糖类含量下降，但会产生丰富的维生素C等营养物质且更容易吸收。绿豆芽也有很高的药用价值。中医学认为，绿豆芽性凉味甘，能清暑热，通经脉，解诸毒，利尿消肿，利湿热，适合热病烦渴、大便秘结、小便不利、目赤肿痛、口鼻生疮等患者，还有助于降血脂和软化血管。除绿豆芽之外，大豆、赤小豆都可以发芽，大豆的豆芽晒干之后中医叫作大豆黄卷，可以解表祛暑、清热利湿。而赤小豆芽和当归可以组成汉代《金匮要略》中的赤小豆当归散。大家学会发绿豆芽，还可以举一反三，尝试发不同的豆芽。

第三节　营养课

清凉粥

"小满"节气以后，天气会一天比一天热，但是对植物的生长是极为有利的。在北方，各种绿色蔬菜也会陆续上市，丰富我们的餐桌。

小学生的劳动课内容之一是培养生活技能。在小满节气天气热起来后，小学生可以在家长的安全指导下，在家里熬清凉粥。

食材：大米、糯米、西蓝花或菠菜、枸杞子。

1. 把西蓝花或菠菜洗净，切碎。

2. 把西蓝花或菠菜放进开水锅里焯水，然后用凉水冲一下。

3. 把适量大米、糯米清洗后用锅煮制，煮熟后放入准备好的蔬菜，开锅后几分钟即可，再放入十几粒枸杞子点缀。

大米、糯米、蔬菜的量可根据家里用餐人数确定。此粥配上点细咸菜丝非常可口。

准备食材

美味的粥

小满清凉粥里的西蓝花属十字花科蔬菜，富含多种微量元素，是膳食纤维、维生素 C 和维生素 K 的极好来源，并且与其他蔬菜相比含有较多的蛋白质，同时也是被推崇的抗癌明星蔬菜，所以同学们日常多吃一些用西蓝花制作的菜肴，是十分有益的。

第九篇

芒种

芒种前　忙种田
芒种后　忙种豆

公历每年
6月6日前后
——
太阳到达黄经75°时
为芒种

芒种两头忙，忙收又忙种。当农民开始忙着收割小麦的时候，说明芒种到了，这个节气最适合种有芒的谷类作物，所以叫作"芒种"。过了这个节气，农作物的成活率就越来越低了。

芒种期间，长江中下游地区雨水增多，气温增高，进入阴雨绵绵的梅雨季节，天气异常潮湿闷热，其他各地也纷纷进入雨季。充沛的雨水对水稻和夏季作物的生长非常有利，但对于人体健康来说，暑湿邪气太重，要谨防其乘虚而入。

第一节 节气课

一、健康老师有话说

● 日常宜选择补心养血、利尿祛湿的食物

芒种是热季的第二个节气，气候逐渐炎热起来，在这种天气里，人体心火也逐渐旺盛，养生方面我们也要抓紧时间"播种"健康，日常宜选择补心养血、利尿祛湿的食物，如酸梅汤、四物乌鸡汤（四物指当归、川芎、白芍、熟地黄）、苋菜、圆白菜、西红柿、冬瓜、海带、五谷杂粮、坚果、瘦肉等。还要注意饮食卫生，防止肠胃疾病。

芒种时节养生粥

五谷粥（大米、小米、玉米、高粱米、小麦仁）。

芒种时节养生茶

　　酸梅汤（乌梅、甘草、山楂、冰糖）。

芒种的民俗饮食

　　粽子。

◉ 南防潮湿，北祛暑

　　到了芒种这个时节，南方潮湿，各种皮肤病很容易产生和复发，而北方则是容易中暑。到了这个季节，无论是南方地区还是北方地区，湿邪都是很重的。南方人很能食用辣椒，是因为它们有祛湿的作用。北方地区的人有喝绿豆汤的传统，是为了祛暑。所以到了芒种时节，有"南防潮湿，北祛暑"的养生之道。

二、科学老师有话说

◉ 差一时，收成会少一成

　　在我国，芒种时节人们既要收割小麦，又要准备种植其他秋季的农作物。所以说，在我国，芒种时节的气候条件是很重要的，也是农民最忙的时间。因为"你误地一时，地误你一年"，所以在芒种这个时节里，作为农民，谁也不敢有半点耽误。而且，"差一时，收成会少一成"，芒种时节的重要性可想而知。

第二节　劳动课

芒种谚语

芒种三日打麦场。

麦收无大小，一人一镰刀。

到了"芒种"节气，在北方偏南地区可以开始收割小麦了。

收割小麦是从北方的南面开始，向北和东北方推进。无论是人工收割还是机械收割，都会或多或少地有麦穗掉在田里，这样就多了一项劳动"捡拾麦穗"。

捡拾麦穗主要是孩子们干的活，看上去简单，实际上却很辛苦。在暴晒的麦地里捡拾麦穗，穿长袖衣服会很热，穿少了容易晒伤。如果穿短袖衣服，手伸进麦茬地里捡拾麦穗，麦茬（麦茬是割完麦子后留在地上的短截）会把手和胳膊扎、划很多小口子，而且麦穗上的麦芒也是非常扎手的。

捡拾麦穗的劳动体验：

1. 穿长袖衣服，戴草帽，防划，防扎，防暴晒。

2. 准备一个书包并挂在脖子上，也可以用提篮（也叫"背筐头"）。

3. 带水，在劳动过程中一定要补充足够量的水。

收割小麦

拾麦穗（颗粒归仓）

学生通过捡拾麦穗，可以真正体会到书本中说的"粒粒皆辛苦"。别看一粒麦子小，但积少成多，如果把落在地里的麦粒都捡干净，绝对是很可观的数量。"不积跬步无以至千里，不积小流无以成江海""千里之堤毁于蚁穴""勿以恶小而为之，勿以善小而不为""冰冻三尺非一日之寒""罗马不是一天建成的"，无数名言谚语的道理都可以从捡麦穗这个看似简单的劳动中获得最真切的体验。

第三节　营养课

● 芝麻酱糖饼

原料：面粉、芝麻酱、红糖、香油。

厨具：电饼铛。

制作：

1. 把面和好。

2. 取适量的芝麻酱和红糖放入碗内，用香油调制成稠粥状（放入少许盐）。

3. 把面放在面板上，擀成5毫米厚，把调好的芝麻酱、红糖均匀地抹在擀好的面饼上，把饼卷成长卷，揪成剂子用手压压，擀成7毫米左右厚，放入预热好的电饼铛即可。

芝麻酱富含蛋白质、脂肪及多种维生素和矿物质，有很高的保健价值，特别是钙的含量比蔬菜和豆类都高很多，仅次于虾皮，经常食用对骨骼、牙齿都大有裨益。芝麻酱含铁量也较高，可预防缺铁性贫血。芝麻含有大量油脂，有很好的润肠通便作用。

红糖因没有经过高度精练，几乎含有蔗汁中的全部成分，除了具备糖的功能外，还含有一定的维生素与微量元素，如铁、锌、锰、铬等，营养成分比白砂糖高很多。中医学认为红糖具有益气养血、健脾暖胃、驱风散寒、活血化瘀之效，特别适于产妇、儿童及贫血者食用。

芝麻酱糖饼作为早餐的主食和出游的零食都是不错的选择，但因油脂和含糖量较高，不适于血糖较高的人。同学们吃过芝麻酱糖饼以后，最好能够饮水漱口，以预防龋齿的发生。

第十篇

夏至

公历每年
6月22日前后
——
太阳到达黄经 90° 时
为夏至

到了夏至节气
滋阴养肾不能歇

　　夏至是酷夏已至的意思，这是热季的第三个节气，古时候每到这个节气，文武百官都要放假三天以避夏日酷暑。我国除了青藏高原、东北、内蒙古和云南等地有一些常年无夏区之外，各地日平均气温一般都升至22℃以上，真正的炎热天气正式开始了。俗话说："冬至一阳升，夏至一阴升。"这两个节气都是阴阳转换的阶段，阴阳转换时，既要注意保护阳气，也要静心养阴。

第一节　节气课

一、健康老师有话说

◉ 夏至要吃"苦"

夏至天气炎热，人体脾胃功能较差，食欲缺乏。中医学认为，苦能泄热，不仅能调节人体的阴阳平衡，还能防病治病，所以夏至时节可多吃有苦味的食物，如苦瓜、苦菜、苦菊、蒲公英、苦丁茶、苦荞麦等。自夏至起，应多选择阴性食物来滋阴养阴，如鸭肉、冬瓜、莴笋、生地黄、百合、紫菜、鸽子蛋、西红柿、银耳等。

夏至时节养生粥

生地黄煮汤滤渣，和大米、百合、枸杞子、枣仁、大枣同煮。

夏至时节养生茶

苦丁茶。

夏至的民俗饮食

凉粉。

🍵 不要贪凉，保护好身体的阴阳平衡

到了夏至以后，人们普遍贪凉，特别是青少年及儿童，这个群体对冷饮的消费会占到市场的 80% 以上。因为天气炎热，所以总是想吃凉的，但是这样对人们的养生和健康是个不小的挑战，按照科学的养生方法和人体代谢、循环的需要，人们在天热的环境里也不应进食太过寒凉的食物。就跟我们热天洗澡一样，用凉水洗完澡，当时舒服，过后难受；但是如果用稍微热点的水洗澡，洗完以后会感觉很舒服的。到了夏至以后，更要预防胃肠型感冒，胃肠型感冒是非常损害健康的，所以要保护好身体的阴阳平衡。

二、科学老师有话说

典型的矛盾天气加极端天气

到了夏至，闷热、无风，天气一天比一天热，一天比一天闷，人们感觉也是一天比一天喘气困难。南方湿度很大，衣服永远潮湿，找不到干爽的感觉，时常暴雨成灾，很少能见到晴天。北方有时闷热潮湿，有时刮"干热风"，人们会感到口鼻"冒烟"，有时仿佛觉得河里的水都是热的，有的地方暴雨横流，有的地方长时间干旱，是典型的矛盾天气加极端天气。

植物非常茂盛，动物长得很快

到了夏至，在我国的广大地区，不分南北，植物都是非常茂盛的。夏季的农作物都已成熟，开始大量上市了。即使是在北方，早熟的水果也开始成熟采摘上市了，如油桃、苹果、沙果、樱桃等，蔬菜如苦瓜、冬瓜、莴笋、油菜、韭菜、芹菜、茄子和早熟的扁豆等均已成熟上市。

动物也是一样，到了夏至前后，长得也是非常快，因为它们有很多的食物可吃。人们这时候可以吃小鸡了，也叫笋鸡，也就是"一把抓"的小鸡，这种小鸡既容易烹饪又好吃，鲜嫩可口，老幼皆宜。

第二节　劳动课

有道菜叫作"韭菜馅的饺子免韭菜"，听上去是不是有些匪夷所思？这是一道慈禧难为御厨制作的饺子，意思就是韭菜猪肉馅的饺子，在包的时候要看得见韭菜，煮熟了咬开看不见韭菜，而且吃到嘴里还必须有韭菜味。

同学们是不是很好奇该如何制作呢？下面大家就可以在家长的帮助下学习制作这种"神奇"的饺子。

制作方法：

1.先把猪肉馅打好（放好调料搅拌好）。

2.把韭菜洗净，从根部往上一寸（也叫韭菜白儿）的部分切下来，备用。

3.把包饺子的面和好后，擀成饺子皮。

4.皮内放上调好的猪肉馅，在馅的上面顺着方向放两根韭菜白儿，要在两边都露出来，这时就可以把饺子捏好，在捏好的饺子的两个角能够看见露出来的韭菜白儿。

5.待锅里的水烧开后，把包好的饺子放进锅内，煮熟后捞出来。

6. 把捞出的饺子两头露出的韭菜白儿揪出去。

7. 这时咬开饺子就看不见韭菜了，但吃到嘴里仍然有韭菜味儿。

劳动评说

　　这道奇特的饺子真是体现了我国劳动人民的智慧。韭菜原产于我国，早在西周和春秋时期就有记载，在《夏小正》一书中就写有韭菜。韭菜在历史上就被作为重要祭品，曾是帝王的御用菜，更是平民百姓的家常用菜。韭菜有很高的营养价值和药用价值，含有维生素 B_2、维生素 B_5、维生素 B_6、维生素 B_{12}、维生素 C、维生素 E、维生素 K 和钙、铁、钾、镁、铜、锌等多种矿物质。

第三节　营养课

● 养生祛热粥

　　到了夏至节气，在我国，无论是南方地区还是北方地区，天气同样会一天比一天热。建议小学生可以多在家里或学校参加劳动。

　　为预防中暑，小学生可以在家里制作养生祛热粥。

原料：大米、南瓜、新鲜的青（绿）豌豆、薄荷叶。

制作：

1. 大米洗净入锅，加适量的水。

2. 南瓜去皮去瓤洗净切小丁。

3. 把青（绿）豌豆从豆荚里剥出来洗净，用开水焯去豆腥味。

4. 大米开锅后先放入青豌豆，等大米五至六成熟时放入南瓜丁。

5. 出锅之前放入薄荷叶。

小学生要在家长的安全监护下制作"南瓜豌豆粥"。

大米、南瓜、新鲜的青（绿）豌豆、薄荷叶

自己动手，丰衣足食

南瓜的营养很丰富，特有的多糖类物质能够提高机体免疫功能，丰富的类胡萝卜素在机体内可转化成具有重要生理功能的维生素 A，从而对维持正常视觉，促进骨骼发育具有重要意义。南瓜富含果胶，有很好的吸附性，能粘结和消除体内细菌、毒素和其他有害物质，起到促进代谢和解毒的作用，还可以保护胃肠道黏膜组织。南瓜因其保健作用，越来越受到大家的喜爱。

豌豆具有较全面而均衡的营养。中医学认为它有和中下气、利小便、解疮毒的功效。青豌豆含丰富的维生素 C，可有效预防牙龈出血，并可增强抵抗力，预防感冒。

荷叶有减肥、降脂、抗氧化的作用，用它熬粥，取其清香，达到清暑祛火的目的。

第十一篇

小暑

公历每年
7月7日前后
——
太阳到达黄经105°时
为小暑

头伏萝卜
二伏菜
三伏里头种白菜

　　小暑是热季的最后一个节气，炎热袭人，我国绝大部分地区日平均气温已在25℃以上，最高气温可达40℃。炎热的时候要调整好自己的情绪，保证充足的睡眠，积极参与社交活动，与他人交流思想，保证心情愉悦。

第一节　节气课

一、健康老师有话说

小暑清暑，适当进补

　　小暑时，日常应吃些清暑解热的食物，如豆芽、菊花、绿豆、荷叶、百合、薄荷等，还可以根据个人体质进补，阴虚者可经常食用鸭肉、鹅、甲鱼等甘寒益阴的食物，阳虚者可经常食用鸡肉、羊肉、牛肉、鳝鱼等温性食物。多食应季的水果蔬菜，如西红柿、西瓜、杨梅、甜瓜、桃子、李子等。

小暑时节养生粥

绿豆百合粥。

小暑时节养生茶

百果茶。

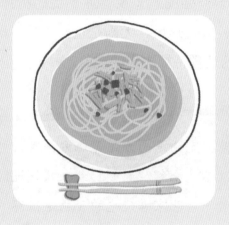

小暑的民俗饮食

凉面。

🍵 防中暑，防长痱子

从小暑节气开始，天气就不会再凉爽，风中都带着热浪，这正是伏天的开始。盛夏天气炎热，出汗多，睡眠少，体力消耗大，再加上消化功能差，很多人都会出现全身乏力、食欲缺乏、精神萎靡、体内电解质代谢障碍、中暑等症状，老年人易诱发心血管疾病，小孩和肥胖人群易长痱子。要注意避免过多的户外活动和过多出汗，防止中暑和长痱子。

☁ 天是热天，气是热气，风是热风

到了小暑时节，也就意味着进入伏天了。到了伏天，在我国，无论是南方还是北方，户外都是很热的。南方的闷热能达到极致；北方的酷暑和新疆的酷热堪比炉火。在我国民间有广为流传的"冬练三九，夏练三伏"的俗语，形容坚强的意志及不屈不挠的精神。到了小暑，天是热天，气是热气，风是热风，无雨是这样，下了雨后更是闷热难耐。这是我国典型的地理特征决定的现象。

小知识

我们都知道，到了小暑时节，无论是南方还是北方，人们的饮食是更加多样化了。在这里不能全都"照顾"到，只说说老北京暑伏节气有代表性的吃食。老北京暑伏吃的食物是很有讲究的，有"头伏饺子二伏面，三伏烙饼摊鸡蛋"的说法。这些吃法跟我们北方的气候和农作物特点是有关系的，也跟养殖业有关。到了暑伏季节，北方的冬小麦已经"打"下来了，新麦子可以磨成面了。这是我们北方人结束"青黄不接"后，第一次吃上新粮食。"头伏"吃饺子也有庆祝的意思，因为在过去只有逢年过节才能吃上饺子，甚至只有过年才能吃饺子。在"头伏"吃饺子，表达了老百姓对冬小麦丰收的喜悦之情。

第二节　劳动课

到了小暑节气，中小学生就放假了。虽然天气很热，但是学生们可以在做好防暑准备的前提下适当参加户外活动，而不应该总待在空调房内。

暑假期间，父母应该多带孩子到郊外活动，可以逮蝗虫（也叫蚂蚱），既增加了学生的运动量，又参加了劳动。蝗虫是害虫的一种，对农作物甚至其他植物会造成毁灭性的灾害，无论是在南方还是北方，甚至在国外都很常见。

蝗虫的繁殖是很快的，生长得也快，而且食量很大，农作物的秸秆、叶子都是它们的口中餐。在蝗虫泛滥时，会造成人类的饥荒，所以消灭蝗虫也是劳动的一部分。

自己制作网拍：

1. 找一根竹竿或合适的圆木棍，长约 2 米。

2. 用 8 号铁丝窝成脸盆大的圆圈。

3. 把圆圈固定在杆子的顶端。

4. 把密线网做成与圆圈一样直径的圆筒，把圆筒的上口与铁圈对接，用小绳缠绕好，再把网的底端用小绳系紧。

在郊外有蝗虫的地方，双手举着网兜杆直接迎着蝗虫往下扣，这样容易逮到蝗虫。逮到后可以带回来喂宠物，也可以直接进行无害化处理。

过去贫穷时期，蝗虫也是百姓的食物，有烧着吃的，也有讲究一点的吃法"炸蚂蚱"。

寻找蝗虫

捉蝗虫

消灭蝗虫，迎丰收

　　蝗虫侵害农作物自古有之，严重的话就是蝗灾。最好的方式是将其遏止在萌芽状态，防微杜渐。《黄帝内经》中有："圣人不治已病，治未病；不治已乱，治未乱。"这也是中医"治未病"的思想。

第三节　营养课

用电饭煲制作烤鸡

　　1. 在超市选购 500～1000 克的鸡（根据自己家电饭煲的大小来定），最好是柴鸡。

　　2. 把鸡洗干净，用盐涂抹鸡的全身，数分钟后清洗可去腥。

3.把鸡擦干，用生抽、姜、葱擦鸡的全身。

4.把葱、姜、五香粉放入鸡腔内，腌制60分钟后放入电饭煲进行烤制。不用加水，可以在鸡腔内倒入10毫升黄酒，30～40分钟即可。

营养评说

鸡肉的蛋白质含量较高，氨基酸种类也多，容易被人体吸收和利用。常常食用鸡肉，有增强体力、强壮身体的作用。此外，鸡肉还含有脂肪、钙、磷、铁、镁、钾、钠、维生素A、维生素B_1、维生素B_2、维生素C、维生素E和烟酸等成分。中医学认为，鸡肉有温中益气、补虚填精、健脾胃、活血脉、强筋骨的功效。

尽管烤鸡味美，营养价值也很高，但我们却不能贪吃，营养均衡才是健康的硬道理，所以要搭配上新鲜的蔬菜、水果和谷薯类主食一起进食，这样吃得才更健康。

第十二篇

大暑

公历每年
7月23日前后
——
太阳到达黄经120°时
为大暑

暑大气湿　绿豆利水
适之养阴　健阳祛斑
滋阴祛痘　勿择时日
大暑已至　万物荣华

　　大暑到了，这是一年中最热的节气。现代气象学一般将日最高气温高于35℃的日子称为"炎热日"；最高气温达到37℃以上的称为"酷热日"。大暑是雨季的第一个节气，这个时节雨水多、湿气重、气温高，一般晴天的日子，人似在火堆旁，火烧火燎的。但遇雨过转天晴又似坐闷罐，更加难熬，动辄便会汗流浃背，挥汗如雨。大暑天气，酷暑多雨，所以暑湿之气比较容易乘虚而入，特别是老人、儿童、体虚气弱者及从事户外劳动的人要谨防暑湿和中暑。

第一节　节气课

一、健康老师有话说

饮食要应季，清热又祛湿

大暑节气，日常饮食方面应多选择时令的、新鲜的蔬菜水果，如西瓜、绿豆、酸梅汤、西红柿、茄子、辣椒、油菜、空心菜、苋菜、南瓜、红薯、山药、冬瓜、丝瓜、西葫芦等，肉类可选择鱼、泥鳅、鸡肉、鸭肉等。还要多选择一些有清热降火祛湿功效的食物，如牛肉、薏米、藕、鱼类、绿豆、青菜、瓜果等。有一道很好的美食，用薏米炖牛肉，时间要长些，每周吃两三次，有很好的祛湿效果。

大暑时节养生粥

姜丝小米粥。

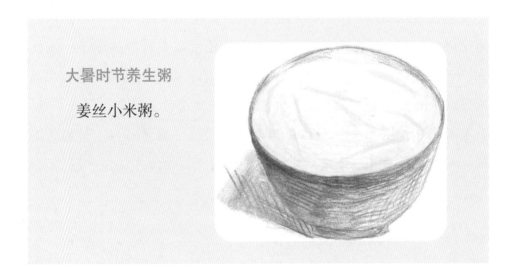

大暑时节养生汤羹

绿豆汤。

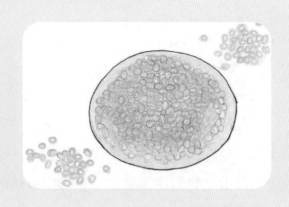

大暑的民俗饮食

水饭。

🍵 南防暑湿，北防中暑

　　大暑节气的养生也很重要。大暑节气是我们国家最热的时期，是不分东南西北的。大暑节气的养生，主要是防中暑，防暑湿，有"南防暑湿，北防中暑"的说法，还要防暴晒。大暑养生还要保证足够的睡眠，避免久在空调环境内工作和休息。要适当地出汗，不可贪凉，应限制冷饮等。

冷在三九，热在中伏

在我国，每年的大暑节气，一般是在二伏（也叫中伏）里面。民间有"冷在三九，热在中伏"的说法，也就是说，每年到了大暑或中伏时节，我们便迎来了一年当中最热的时期。日均气温达到年内的最高值，所以大暑的天气也被称为酷暑。在北方，天晴的时候，烈日高照，暴露在外的皮肤很快就会被晒红或晒黑，甚至脱皮。老人、儿童是中暑的高危群体，户外工作者更容易成为酷暑的受害者。

头伏萝卜，二伏菜

过去，到了大暑节气，在我国的南方地区，各种农作物的种植仍然是一如既往，不会受到影响。而在北方地区，特别是北京的周边地区，主要是种植大白菜，所以有"头伏萝卜，二伏菜"的说法。

第二节　劳动课

大暑谚语

大暑小暑，上蒸下煮。

大暑热不透，大热在秋后。

"大暑晒一宝，平安无烦恼。"在老传统中，很多地方都有在伏天"晒伏姜"的传统习俗，因为生姜是热性食物，从中伏到末伏，每天吃少许的生姜，可以使脾胃越来越好。而每年大暑开始，也是最适合晒伏姜的时候，因为此时天气炎热，晒出来的伏姜辛辣味更重，能更好地祛除体内的湿气。小学生们可以趁暑假，在家长的帮助下晒伏姜。

1. 准备老姜 2 斤，红枣 2 颗，红糖 5 克，热水适量。

2. 首先将老姜放入清水中浸泡 5 分钟，然后将老姜表面的泥土去除，接着再将老姜冲洗 2 遍即可备用。

3. 将洗净的生姜切成约 0.3 厘米厚的片，然后将生姜放入蒸锅中，大火蒸 5 分钟。这样即可去除生姜中的病菌，而且还能使老姜的辛辣味更重。

4. 将生姜放到太阳下，暴晒 1 ~ 2 天，直到将姜完全晒干，然后放入干净的瓶中，密封保存。最好放入冰箱中冷藏，这样可以使晒好的伏姜 60 天都不变质。

5. 将晒好的伏姜 2 ~ 3 片与红枣、红糖一起用开水冲泡 5 分钟即可饮用，对胃寒、伤风咳嗽等有较好的效果，并有驱寒保健的功效。

劳动评说

俗话说："冬吃萝卜夏吃姜，不劳医生开药方。"生姜是老百姓平时最常用的药食同源之品，夏日人们为了避暑，大多会长时间待在空调房，还会贪凉饮冷，用姜正好可以驱寒气，温脾胃。有些体弱或年老之人，到了冬天容易犯肺病，咳喘加重。姜可以温肺止咳，而根据中医的理论进行冬病夏治，夏天用姜增强人体的阳气，可以取得更好的疗效。

第三节　营养课

山药红小豆芹菜养生粥

到了大暑节气，学生正在放暑假期间。小学生在家里，可以在成年人的看护下制作"山药红小豆芹菜养生粥"。

原料：大米适量，山药一根，红小豆适量，芹菜适量。

制作：

1. 大米淘洗干净入锅加适量水。

2. 小学生带一次性手套，用去皮器将洗净的山药刮去外皮，切成小丁。

3. 将芹菜摘洗干净，用热水焯过，再用凉水冲洗切碎。

4. 红小豆先用水泡涨，放入大米锅里一起煮制。大米、红小豆半熟时放入山药丁，快熟时放入芹菜丁煮熟即可。

学生制作山药红小豆芹菜养生粥

　　中医学认为，山药滋补能力特别强，可以健脾养胃，补益肺气；红小豆有健脾祛湿、利水消肿之功效，芹菜有平肝降压、镇静安神、利尿消肿、防癌抗癌、促进代谢、清热祛火之功效。用这些食材熬的粥，很适合盛夏暑湿季节来食用。

秋天到，喜鹊叫。
河水流，鱼儿跳。
牛羊肥，人在笑。
望谷丰，盼好兆。

第十三篇

立秋

公历每年
8月8日前后

——

太阳到达黄经 135° 时
为立秋

秋至见丰　五谷养生
肉食进补　量力食之
勿忘蔬果　食谷主食
　　立秋之日凉风至

　　按照现代气候学划分四季的标准，下半年连续5天日平均气温稳定降到22℃以下为秋季的开始。立秋过后，秋高气爽，月明风清。气温也逐渐下降，每年最热的时期就要结束了。但俗语说："秋后一伏热死人。"立秋是雨季的第二个节气，雨季的四个节气中大暑与立秋是暑湿合伙肆虐的时候，又闷热又潮湿。

第一节 节气课

一、健康老师有话说

💬 防病养生

入秋之后，人体经过炎热夏季的消耗，脾胃功能下降，肠道抗病能力减弱，稍不注意就可能会发生腹泻。另外，由于气候温润潮湿，特别适宜蚊子滋生，因此，初秋也是蚊媒性传染病的高发季节。所以日常生活应注意祛湿，调理脾胃，滋阴润燥，注意饮食卫生，加强体格锻炼。饮食上可以经常选用鱼、瘦肉、禽蛋、豆腐、奶制品等低脂肪高蛋白的食物，也要适当补充新鲜蔬菜和水果，如山药、莲子、冬瓜、黄瓜、海带、苦瓜、莴笋、茄子、西瓜等。

立秋时节养生汤羹

　　鱼腥草汤（鱼腥草、冰糖、梨）。

立秋的民俗饮食

栗子焖肉。

二、科学老师有话说

❧ 谨防泥石流和其他自然灾害

立秋后的雨水仍然是很多的，大地经过一个夏季的雨水后，大部分土壤水分已经饱和，土壤已经被水泡透、泡松了。所以立秋后的多雨、大雨、连续降雨是造成泥石流的主要原因，是许多自然灾害的诱因。秋季的泥石流和其他自然灾害要比其他季节的灾害严重得多，特别是对即将收获的农作物更是致命的伤害，因为在这个季节，无论什么作物都是不能再补种的。

❧ 万物结籽

立秋的最大受益者是动植物。立秋后，在农业上有"万物结籽"的说法，意思是说，到了立秋后，所有的秋作物都会结籽了。这个时候，农民应该施肥，保证肥水的充足，这样才能保证作物的籽粒饱满。秋季的农作物是一年中最重要的作物，种类最多，产量最高，是国民经济的基础，是保障人和动物生存的生命线。在我国的广大农产区，秋季的农作物主要有水稻、谷子、玉米、高粱、荞麦、莜麦、薏米、紫米、黑米、大黄米、糯米等。因此，秋季是"食之源"。

小知识

五花肉含有锌、硒、镁、锰、磷、钙、钠、钾、铜、铁、胆固醇、核黄素、硫胺素、维生素A、维生素E、蛋白质、烟酸、脂肪、糖类等，是目前肉类中含营养素最多、最丰富的。

第二节　劳动课

立秋谚语

立了秋，把扇丢。

一场秋雨一场寒，十场秋雨要穿棉。

到了立秋节气，春天种植的大豆已经收获了。在我国，东北种植的大豆脂肪含量高，适合榨油；华北地区种植的大豆蛋白质含量高，更适合制作豆腐。制作豆腐不是什么豆类都行，豆类必须含有蛋白质和脂肪，二者缺一不可，因为豆腐是脂包水。

立秋节气时，小学生还处于放暑假期间，在家里可以和家长一起制作豆腐。

原料：大豆、石膏粉（超市可以买到）。

工具：石磨或粉碎机（豆浆机）、锅、屉、纱布。

制作过程：

1. 把大豆泡好（一般可在头天晚上泡上大豆）。

2. 用石磨或豆浆机（粉碎机）把大豆磨成浆或打成浆。

3. 过滤。

4. 将豆浆放入锅中熬开后关火，浇入适量石膏水，待到凝结时倒入铺好屉布的屉里，用屉布包严，上面压干净的重物，数小时即可成形。

制作豆腐的大豆与水的比例为 1：5。

磨大豆

"点"豆腐

美味豆腐

现在超市里售卖的豆腐多是采用"内酯"加工成的，叫内酯豆腐。现代科学发明了比石膏和卤水更好的产品——葡糖酸内酯，用它点出的豆腐，口感更加细嫩，营养价值也更高。

市场上有一种叫日本豆腐的，它是用鸡蛋清制作的，不含大豆成分，所以它不算是豆腐。

劳动评说

大豆含有丰富的蛋白质、氨基酸、卵磷脂等营养成分，是健脑益智的好食品。但是豆子吃多了，或者豆浆喝多了不易消化，容易腹胀，所以做成豆腐更容易吸收营养且容易消化。同学们学习制作豆腐之后，平时也可以适当摄入以补充营养。

第三节 营养课

🐚 小豆凉糕

原料：红小豆 400 克，白糖 300 克，琼脂 5 克，桂花少许。

制作：红小豆洗净，蒸或煮烂，去皮过箩，剩下沙加糖，加蒸或煮化的琼脂，再熬 15 分钟左右即可。琼脂加水 250 克煮或蒸化，加入过箩的沙馅里煮 15 分钟左右即可。

营养评说

小豆凉糕是一款流传多年的老北京传统名点小吃，制作简单，很适合在夏天食用，冰凉清甜，解暑祛湿。红小豆富含铁、钙等元素，可增强人体抵抗力，还有利水消肿、促进代谢、健脾养胃的功效。夏季多吃点红豆制作的美食是不错的选择。

我国居民膳食指南建议，成年人每日蔗糖摄入量最好控制在 25 克以下，所以我们在日常食物制作中，尽量减少蔗糖的使用量，也可以考虑用其他自然甜味的食材代替部分蔗糖，让美味更营养，更健康。

第十四篇

处暑

公历每年
8 月 23 日前后
——
太阳到达黄经 150° 时
为处暑

处暑禾田连夜忙
暑去寒来接富贾
风调雨顺保五谷
农家户户接五福

处暑前后，我国中部、东部和南部的广大地区，日平均气温仍在 22℃以上，白天天气热，早晚凉，昼夜温差较大，空气干燥，草木开始变黄，寒气开始袭来。俗语说："谷到处暑黄，家家场中打稻忙。"处暑正值秋天收获的时候，此时人体也处于收获的时期，身体由活跃、消耗的阶段，过渡到沉静、积蓄的阶段。

第一节 节气课

食物最丰富的时候

在我国，到了处暑以后，各种农作物开始陆续地成熟。青玉米可以掰下来煮着吃了，白薯也可以挖出来食用了。玉米和白薯是我国的两大高产作物，是过去人们的看家食物，是能够顶起农作物半边天的作物。我国有四大高产、主产的农作物：冬小麦、玉米、水稻、白薯。四大农作物支撑着我国的整个农业发展和人们的口粮，所以我们应该珍惜粮食。此外，处暑也是蔬菜、水果的丰收时节。因此，人们在处暑时节的餐桌上是极其丰富的。

以祛湿、滋阴、健肺为主

处暑是雨季的第三个节气，暑热开始减弱，但湿气还是很重。日常生活中，应注意适当运动祛湿，滋阴润燥，要保护好在秋季活跃的肺气。在饮食方面应该注意少吃一些辛味食物，如大蒜、大葱、生姜、八角、干辣椒；多饮水，多选择一些新鲜应季的水果和蔬菜及对人体有滋润功效的食物，如苹果、橙子、柚子、枇杷、菠萝、雪梨、百合、萝卜、西红柿、茄子、土豆、芝麻、糯米、蜂蜜、酸奶等。

处暑的运动方式

　　晨跑，打太极拳，做瑜伽，做操。

处暑时节养生粥

　　小米、玉米、南瓜、大枣。

处暑时节养生汤羹

　　冬瓜丸子汤。

处暑的民俗饮食

黄馅梅花酥（南瓜、红薯、山药）。

二、科学老师有话说

学生要开始"耕耘"了，农民却要准备收获了

到了处暑，我国大、中、小学的学生也即将结束暑假，新的学年就要开始，有孩子上学的家庭开始忙碌了。因此，处暑时节虽暑气未退，但人们的忙碌却开始了，学生和农民形成了鲜明的反差，学生要开始"耕耘"了，农民却要开始准备着收获了。尤其是在我国的广大南方地区，农民们的劳作更加繁重了。因为南方的农作物是一年两熟或三熟，也就是说在同一片土地上，一年能种两次或三次的农作物，所以到了每年的处暑，正是收获第一或第二茬农作物，种植第二或第三茬农作物的时候。因此，劳动的力度会变得更大。

第二节 劳动课

给大家介绍一种炖肉的方法，同学们可以在家长的帮助下学习制作。

1. 选择五花肉两斤，洗净，切成半寸左右的块儿备用。

2. 锅烧热后，放适量的油，再放入白糖，开始炒糖色，根据肉的量来炒糖色，糖色应多炒点。把炒好的糖色盛出一些，锅内留够煸炒五花肉的量就行。

3. 把五花肉放进锅内煸炒至没有水气时，倒入质量好的绍兴黄酒 1.5 千克，开锅后用盛出来的糖色调色。

4. 放大蒜 3 头（大蒜可多放些），再放一个大料瓣，加入适量的盐，盖上锅盖，改小火慢慢炖制，待汤基本收干后即可。中途要注意看着点，不能粘锅。

这样炖的肉，不用放其他调料，更不含任何的添加剂、防腐剂，是很健康的烹饪方法。

炖肉也是有讲究的，看似平常的做法其实也蕴含着科学道理。比如，在炒过五花肉后加黄酒的时候，就会闻到一股香味，这是酒精与脂肪在加热过程中产生了酯化反应。酯类是一种芳香物质，以后同学们上化学课的时候会了解到更多。劳动中有大智慧，同学们一定要善于观察动手勤思考。

第三节　营养课

山楂糕

原料：干山楂片、冰糖、琼脂或红高粱粉。

制作：提前把山楂片洗净后泡软，锅里放足量的水，倒入泡好的山楂片煮制，开锅后改小火慢慢煮，把山楂片完全煮烂后，用漏勺捞出皮、粒，关火晾凉后过箩。把过好箩的浓浆倒入锅里再放入琼脂、冰糖，小火熬到黏稠后倒入容器里定型，凉后切块。

山楂有开胃消积食的作用，油腻的食物吃多了，胃胀不舒服，吃点山楂糕，就能缓解腹胀不舒服的感觉。同时山楂糕酸酸甜甜的也非常好吃。如果把山楂糕切成丝，拌上梨丝或萝卜丝，就是一盘很好的开胃小菜了。

第十五篇

白露

公历每年
9月8日前后
——
太阳到达黄经165°时
为白露

白露身子勿露
免得着凉泻肚

白露时节，晴朗的白昼温度虽然可以达到30℃，但凉爽的秋风代替了夏季的热风，随着气温的下降，空气中的湿气在夜晚常凝结成白色的露珠挂在树叶和草尖上，所以称为白露。

在我国，到了白露节气，南方地区的气候、植物还不会有什么变化。但是在我国的北方地区，特别是东北和西北地区，变化是很大的。这些地区主要有三大变化：一是天高气爽，有蓝天白云的日子多了，空气变得一天比一天干燥了；二是农作物开始陆续地收获了；三是人们身上穿的衣服开始多了。

白露以后也是人们出行旅游的旺季。春季旅游和秋季旅游各有其特点：春季旅游是赏花、踏青；秋季旅游是赏景、采摘。在北方地区，特别是北京地区，白露以后，真是蓝天白云，而且云是飘游的，自然景观非常美丽，人们的心情也一扫夏日的烦闷，是北京地区难得的一段美好时光。

第一节 节气课

一、健康老师有话说

🌰 祛火润燥

到了白露节气以后，在我国的北方地区，由于湿邪的退去，环境开始变得干燥，人们的饮食习惯和结构也相应地随着节气的变化而变化。所以在北方地区，白露以后，人们要多选择些祛火润燥的食物，如冬瓜、红薯、莲藕、萝卜等。

煮粥的时候，可以将绿豆换为红小豆，随着时间的推移，绿豆的食用量要相应减少。在粮食上可以适当地多选点大米、黑米等作物。蔬菜上多选些叶菜类和果实类。白露以后，天气渐凉，人们的胃口开了，食欲会增强，进食量也会增大。因此，合理选择食材很重要。烹饪的方法也很重要。与夏季不同，夏季的烹饪多以凉拌为主，以冷食为主；而白露以后，天凉快了，人们也就喜欢做饭了，所以在家庭烹饪上，炒、炖、蒸、煮、炸等烹饪方式会逐渐地增多。

白露时节养生粥

红薯小米粥。

白露时节养生茶

菊花枸杞枣茶。

白露的民俗饮食

发糕。

北京地区进入白露后，时令水果开始减少，进入淡季。干果和坚果开始逐渐上市，如葡萄干、杏干、柿饼、核桃等。这时候的羊肉也开始上市，民谚说："六月的羊翻过墙，八月的羊尝一尝。"

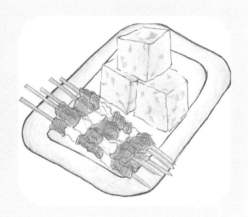

二、科学老师有话说

❧ 二八月，乱穿衣

在北京地区，有"二八月，乱穿衣"的说法。所说的"二八月"是指农历的二月和八月，所以，白露正是北京农历八月份乱穿衣的时节，这也说明了北京地区的气候变化无常。温度是早上一个样，中午一个样，晚上又一个样；今天是这样，明天又是另一个样，使人们在穿衣上无所适从。在我国的最北边，到了白露节气，已经有了深秋和初冬的感觉了。如果是在我国的新疆地区，那真是像传说中的"早穿棉袄午穿纱，抱着火炉吃西瓜"了，更说明了一天中气温的变化有多大了。

❧ 植物的叶尖上能看到露珠了

这个时节的夜晚和早上，在北方植物的叶尖上能看到露珠，说明夜晚和早上的气温已经很低了，空气中的水蒸气能够凝结成水珠。植物的生长也会受到很大的影响。而且，白露节气以后，北方地区的农作物都会相继成熟和收获，核桃就是典型的在白露节气采摘的北方作物。所以在北京地区，白露摘核桃正当时，特别是市场上的文玩核桃，更应该在白露时节采摘。

小知识

白露节气，在老北京最有代表性的活动是摘核桃，所以在北京地区有"白露的核桃"之说，意思是每年到了白露，就可以采摘核桃了。因为到了白露，核桃就长饱满了，成熟了。如果再不采摘，核桃就会自己掉下来。如果核桃掉到地上就很容易"阴皮"，就是核桃外皮是黑色的，会影响美观。如果是食用的核桃，则容易变质；要是文玩的野生核桃就不值钱了。我国的文玩核桃有很长的历史，其盛行于明代，但从现在出土的文物发现，早在汉代就有了。如果在白露以前采摘核桃，核桃会有"白尖"，表示不成熟，影响品相。在我国，文玩核桃主要产于北京及周边地区，如河北省、山西省、天津市。南方的核桃含水太多，容易裂；东北地区冷得早，核桃不能完全成熟，所以都不适合把玩。把玩核桃也是健体健脑的一种很好的方式，还有静心养心的作用。人在把玩核桃时对手上的经络有按摩的作用，能促进气血运行。文玩核桃有九种手法：掐、捏、捻、滚、蹭、揉、磨、搓、转，这些都是舒筋活血的好运动。

第二节 劳动课

露水四季皆有，白露之后会特别多。露水要在大气较稳定、风小、天空晴朗少云、地面热量散失快的天气条件下才能形成。如果夜间天空有云，或夜间风较大，露水就很难形成。在凌晨四五点的时候，也就是太阳快升起来的时候适合收集露水，深秋雾重的时候，露水存在时间会延长一些。

小学生可以在家长的陪伴下拿上小吸管、小瓶子，穿上长袖长裤（条件允许的话可以穿户外运动的衣服，更加防水防潮），去小区花草丛中、公园里收集露水，感受自然的奇妙与探索的乐趣。

劳动评说

现在城市里的孩子与大自然接触的机会较少，通过采集露水的活动，可以让孩子更加切实地体会白露节气名称的含义。在古代，露水是有很多用处的，比如用柏叶或菖蒲上的露水晨起洗眼睛可以明目。但现代社会，尤其在城市地区，空气污染较重，采集的露水最好不作药食之用。希望大家也能从平时做起，为环境的清洁贡献一份力量。

第三节　营养课

● 人参红枣小豆白薯粥

在北方，到了白露节气，天气会一天比一天凉快，特别是早晚和夜里，上了年纪的老人很容易着凉，着凉比较明显的症状是腹泻。

小学生劳动，可以在家里给老人制作人参红枣小豆白薯粥。

1. 取大米适量洗净。

2. 把大米放入锅内倒入适量水。

3. 把泡好的红小豆放入锅内。

4. 取人参 3 ～ 5 片放入锅内。

5. 白薯去皮切块。

6. 粥熬到五成熟时放入红枣，红枣放得太早会影响枣的品相。

这样，小学生孝敬老人的人参红枣小豆白薯粥就熬好了。

准备食材（人参、红枣、红小豆、白薯）

煮粥敬老

中医学认为，人参有大补元气、补脾益肺的功能；红枣有宁心安神、改善贫血的作用。它们强强联手，可以补益气血，提高人体的免疫力。红小豆健脾利湿开胃，红薯调整胃肠功能。这款敬老粥特别棒，同学们可以常常做给老人吃。

第十六篇

秋分

公历每年
9月23日前后
——
太阳到达黄经180°时
为秋分

秋分秋分
昼夜平分

秋分到了，标志着我们又进入了一个新的气候——干季。这个气候的特点以干燥为主。干季的前期为暖燥，后期是冷燥，而且气温逐渐降低。来自北方的冷空气团，已经有了一定的势力。此时，在我国长江流域及其以北的广大地区，日平均气温下降到22℃以下，全国大部分地区雨季已结束，凉风习习，秋高气爽，风和日丽，丹桂飘香。

第一节　节气课

一、健康老师有话说

💬 保证睡眠，滋阴润燥

秋分时节，随着秋燥愈加明显，加上万物的萧瑟凋零，人就容易出现失眠或睡眠质量下降的情况。而此时如果不保证好睡眠质量，就会影响到气血的"收养"，所以在日常生活中要保证睡眠时间。饮食上要注意滋阴润燥，应该多选择黄色和白色的食物，如小米、玉米、南瓜、百合、银耳、梨、苹果、香蕉、栗子、柑橘、柿子等。

秋分时节养生粥

红枣小米粥。

秋分时节养生汤羹

银耳雪梨羹。

秋分的民俗饮食

月饼。

二、科学老师有话说

农作物基本不再生长，可以收割了

在我国，到了秋分节气，北方的有季节性的植物基本都不会再生长了，水稻、高粱、玉米等秋作物已经到了巩固颗粒的时候；谷子类的农作物，到了秋分节气已经可以收割了；蔬菜类的植物，到了秋分节气，地里也只有大白菜、萝卜类、大葱还能生长，其他农作物已经不能继续生长了。如果是在过去没有室内种植的年代里，北方到了秋分节气后，时令青菜会越来越少，从旺季走向淡季。但是在我国的广大南方地区，到了秋分节气，即使在过去没有室内种植的情况下，农作物仍然还会生长，食材供应上还是以时令作物为主，而且还很丰富。

第二节　劳动课

秋分谚语

白露早，寒露迟，秋分种麦正当时。

秋分四忙，割打晒藏。

下面给大家介绍五仁月饼的制作方法，同学们可以学习一下中秋节吃到的月饼是怎么制作的。

原料：油面（面粉 250 克，黄油或植物油 125 克）、水油面（面粉 500 克，油 150 克，水 300 克）、五仁馅（花生仁、瓜子仁、核桃仁、甜杏仁、芝麻，加入炒熟的面粉、冰糖、白糖、油）。

制作：

1. 把水油面和好后，压扁，分两半。

2. 把油面和好后放在一半水油面上压扁，再把另一半的水油面放在油面上压扁。

3. 用擀面杖擀成"饼状"，叠起来，再擀，擀成饼后再叠起来，然后卷起来，做成所需要的剂子。

4. 把剂子压扁后放馅包好，入模子成形。

5. 放入烤箱，先用 160℃烤制，等稍微膨胀后，改 180℃烤制。一般烤 15 分钟，也可根据月饼的大小、皮的薄厚来定烤制的时间。

> **劳动评说**
>
> 月饼又称月团、小饼、丰收饼、团圆饼等，是中秋节的时节食品，中秋节吃月饼和赏月是中国南北各地过中秋节的必备习俗。月饼象征着大团圆，通过学习月饼的制作，可以了解中秋节的重要意义，还可以激发同学们对我国民族传统文化的兴趣，体验节日的乐趣。

第三节 营养课

▨ 桂圆红枣紫米粥

到了秋分节气，无论南北食材都很丰富了。小学生可以在家制作桂圆红枣紫米粥，要在家长的监护下完成。

原料： 紫米、小红枣、桂圆。

制作：

1. 紫米先入水浸泡 2 ～ 4 小时。

2. 锅里添适量水，放入泡好的紫米，放入去皮的桂圆。

3. 紫米五成熟后放小枣。

营养美味的桂圆小枣紫米粥就做好了。

食材（紫米、红枣、桂圆）

桂圆红枣紫米粥

紫米是水稻中的一种，因碾出的米粒细长呈紫色故名。糯性紫米粒大饱满，黏性强。紫米饭清香、油亮、软糯可口，营养价值和药用价值都比较高。中医学认为紫米具有补血、健脾理中及治疗神经衰弱等功效。

桂圆是甜蜜的食材，含丰富的葡萄糖及蛋白质，含铁量也较高，有补益气血、安神、提高记忆力的作用。

第十七篇

寒露

公历每年
10月8日或9日

——

太阳到达黄经195°时
为寒露

寒露寒露
遍地冷露

到了寒露，天气更凉了，正是"寒露百草枯"的时候，尤其是在早晚。此时我国大部分地区日平均气温多已降到20℃以下。南方开始享受凉爽的秋风，北方个别地区最低气温已达到0℃以下。寒露是干季的第二个节气，正值秋高气爽，是户外游玩的大好时候。

第一节 节气课

一、健康老师有话说

食物多选甘润、滋阴、养肺之品

寒露时节，日常饮食应多选甘润、滋阴、养肺之品，如梨、蜂蜜、甘蔗、百合、沙参、麦冬、荸荠、菠萝、香蕉、萝卜等含水分较多的甘润食物。值得注意的是，进入秋季，气候宜人，睡眠充足，此时的身体为了迎接冬天的到来，会积极主动地储存御寒的脂肪，人体会在不知不觉中长胖。所以要注意饮食调节，适量食用一些有消脂减肥功能的食物，如山楂、萝卜、薏米、红小豆、冬瓜等。

寒露时节养生粥

南瓜小米百合粥。

寒露时节养生茶

菊花茶（可配百合、胖大海、冰糖）。老北京进入中秋时节，餐桌上的点心、甜食、肉类开始增多，人们开始饮茶。

寒露的民俗饮食

山楂糕。

● "三露"和"三护"

到了寒露以后，健体养生很重要。"寒露寒露防三露"，也就是说，到了寒露节气以后，人们要防"三露"："前不露胸，后不露背，下不露脚。"这也是老北京人的一句名言。也就是告诉我们，到了寒露以后，就再也不能敞胸露肚、光着膀子、光脚穿凉鞋了。即使是生活在我国南方地区的人们，到了寒露以后，也应该做到"三护"，即护头、护肚子（肚脐）、护脚。寒露的这种养生方法，主要目的是预防冬季的咳嗽、胃寒等，也可预防关节炎和心血管疾病。

二、科学老师有话说

● 一场秋雨一场寒，十场秋雨就穿棉

到了寒露节气，北京的秋天马上就会结束，真正的寒冷即将来临。而高寒地区已经开始有降雪了，所以北方有"一场秋雨一场寒，十场秋雨就穿棉"的谚语。但是实际上，北方的秋季是很少降雨的，在很多年景里，整个秋季也降不了十场雨，而且现在的北方，秋季降雨是一年比一年少。

在我国的南方就不同了，到了寒露节气，凉爽的天气才真正开

始，正是人们外出活动的好时节，也正是北方的人们来此旅游的时节，所以寒露节气才是南方气候的"天堂"，是人们享受大自然的"天堂"，更是人间的乐园。在我国的南方地区，到了寒露节气，阴雨绵绵的天气就会越来越少，正好适合家家户户建房，在这个时节里建的房子要比在别的季节建的干得快。所以在南方，寒露节气才是黄金时节。

小知识

寒露以后，我们在市场上会见到很多螃蟹。在我国，寒露吃螃蟹有着上千年的历史。那我国都有哪些螃蟹呢？

1. 河蟹：当属我们北方保定地区白洋淀的河蟹最好，在以前是供皇帝食用的。

2. 湖蟹：如阳澄湖、嘉兴湖的螃蟹。

3. 江蟹：如九江的螃蟹。

4. 溪蟹：就是小溪里面的螃蟹。

5. 沟蟹：就是水沟里面的螃蟹。这种螃蟹一般看上去比较脏，吃的时候土腥味比较大。

6. 海蟹：是海里的螃蟹，吃的时候有咸味。因为有海水的咸味，所以减少了螃蟹的鲜味，如果在配菜烹饪时，也会"夺味"。

到目前，我国已知的螃蟹有六百多种，如青蟹、花蟹、石蟹、面包蟹、红蟹等。但不管是什么蟹，都不能吃死螃蟹。因为螃蟹只要一死，会在瞬间快速地繁殖致病菌。因此，螃蟹是一定要吃活的，老北京有"活吃螃蟹，生吃鱼"之说正是这个道理。吃螃蟹时是应该配着姜汁吃，因为螃蟹是属凉性的食物，姜是热性的食物，这样可以凉热抵消。所以在过去吃螃蟹是就着黄酒吃的，也是起到平衡冷热的作用。

第二节　劳动课

北方到了寒露节气，室外除了常绿植物外，其他植物都在枯萎，叶子也开始往下落。喜爱植物的人可以在室内种植自己喜欢的植物。但是要注意的是，在室内不要种植有害植物。

小学生在劳动时，可以种植菊花。在寒露节气开始培育，只要用心管理，到了过年时，花就可以开了。

菊花种植过程：

1. 可以到花卉市场买自己喜欢的菊花。

2. 买回来后养一周左右，菊花根部会长出很多小菊花苗。等到根部的小苗长到10厘米左右时，把菊花的主要枝杆的顶部掐掉。

3. 当菊花被掐掉顶端的尖后，菊花就不再长高了。这个时候菊花的母本就会把自身的营养往下供给，补养给新生出来的小苗。小苗会越长越旺。这个时候要减少浇水次数，控水是为了使小苗憋粗。

4. 每棵母本下的小苗不能太多，以防止营养不良。可以选择长得不好看的、比较弱的小苗拔掉，留下壮实的小苗。一棵母本下，留5～6棵小苗即可。

5. 当小苗长壮后，用剪刀把母本菊花贴着根部剪掉，小苗就会自己生长。

6. 离开母本的小苗会自行长出很多根。这个时候，我们就可以分盆种植了。

黄菊、白菊　　　　　　育秧　　　　　　母本、幼苗

菊花各阶段的生长情况

菊为"花中四君子"之一。小学生通过自己养植菊花，能够体会父母的养育之情，由此感受父母之爱的无私伟大。

第三节　营养课

五香花生米

原料：花生米、花椒、肉桂、八角、丁香、小茴香籽、盐。

制作：

1.把花椒、肉桂、八角、丁香、小茴香（适量）放进纱布包里包好，放入锅中。

2.锅里加入水，放入花生米、盐。开火把花生米煮熟后捞出，可直接晾开，也可以去掉水分后放进烤箱里，用120℃慢慢烤制，做好后放在能封口的容器里。

花生是药食同源的食物，民间有"长寿果"之称。中医学认为它有补中益气、补脾润肺、强身健体、延年益寿等功效。花生富含多种人体必需营养素，也是动物性食物的优秀替代品，对平衡膳食及改善中国居民营养状况，发挥了重要作用。

花生也是我国主要油料作物之一。好的花生油就是取用花生食材，采用物理压榨技术而生产出的烹调油。

花生可以做出多种美味佳肴和零食小吃，同学们想一想，你们都吃过哪些呢？

第十八篇

霜降

公历每年
10 月 23 日前后
——
太阳到达黄经 210° 时
为霜降

到了霜降
日落就暗

一到霜降，天气更凉了，我国北方地区开始出现降霜，南方大部分地区气温仍然保持在 16℃左右。俗话说："霜降一过百草枯。"秋天凋零的气氛会让人黯然神伤，其实换一种心态看看，这只是大自然换了一个妆，虽然已不再像夏天那样繁花似锦，但"霜叶红于二月花"，此时漫山遍野的红叶比花儿还娇艳呢！在我国北方地区，正是外出登山赏红叶的时节。

第一节 节气课

一、健康老师有话说

🫧 注意保暖

霜降是干季的第三个节气，是秋冬交接之际，是"多事之秋"的晚秋，天气已由凉转寒了。随着气温的下降，燥邪的加重，人体经络的气血也随着温度的降低而运行缓慢，一些因风寒导致的老病根，尤其是腰腿疼痛会越发明显。因受到寒冷空气的刺激，此时也是胃病的高发期。日常起居应注意保暖及腰腿部的保护和锻炼，饮食上宜多吃健脾养阴润燥的食物，如小米、南瓜、芡实、山药、红枣、花生、栗子、玉米、苹果、萝卜、秋梨、百合、蜂蜜等，可经常食用羊肉、牛肉等温性食物。

霜降的运动方案

爬山，跑步。

霜降时节养生粥

　　大米、芡实、小米、红枣、莲子。

霜降时节养生汤羹

　　芡实牛肉汤。

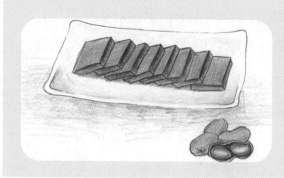

霜降的民俗饮食

　　山梨面糕。

北方季节交汇的两重天

霜降是冬天到来前，秋季的最后一个节气。在我国的北方地区，气温下降得很快，室内的温度也很低了，霜降一过，离立冬就不远了。所以在北方地区，霜降节气是深秋最冷的时期。如果是在东北地区，就已经结冰了。到了霜降，也就到了北方最后的秋游时期。过了霜降，大部分的北方人都会选择去南方旅游，因为这个时节是南方地区气候最好的时候，一般地区的温度在16℃左右，不冷不热，而且湿度也会减少一些，人会感到更加舒适。霜降节气是北方季节交汇的两重天，霜降前与霜降后的天气大不一样，在北方的民间有"未曾立冬先立冬"的说法，所以霜降节气就相当于北方地区在真正的立冬节气到来之前的一个"小立冬"。

东南西北广大地区收获的季节

北方地区的禽类，到了霜降节气，也都换完毛了，开始准备过冬，在早春孵化出来的鸡已经可以产蛋了。像猪、羊这样的家畜，最小的也已经长到半大，能够抵抗0℃左右的低温。霜降节气，也是广大北方地区晾晒干菜的最佳时期，因为这个时候天干、天冷，蔬菜含水量低，不容易烂，还干得快，干菜收藏起来也不容易发霉。在我国的南方地区，到了霜降节气，正是粮、果、菜、鱼等丰收的时节。所以霜降节气是我国东南西北广大地区收获的时节。过去，如果是丰年，这个节气是人们心情最好的时候，西北人的山（民）

歌、东北人的二人转、南方人的早茶、北京人的提笼架鸟"侃大山"，都能体现出霜降节气人们的生活景象。

第二节　劳动课

寒露早，立冬迟，霜降收薯正当时。霜降时节的红薯，味道最为香甜，这个时候红薯完全成熟，营养成分极佳。小学生们可以去地里挖红薯，在大自然里感受秋天的乐趣，体验劳动的快乐。

小学生拿不动锄头，可以选用小铲子。首先，把红薯藤拨到一边，然后把最表面的土轻轻挖开，但不要挖太深。一边挖土，一边观察是否有红薯的踪迹。如果发现红薯，就以红薯为中心，从四周开始挖土。让四周的土都变得松动，然后小心地铲走土壤。直到红薯露出大部分的时候，就可以用铲子稍微用力，把红薯撬出来或者挖出来。

劳动评说

通过挖红薯活动，不仅让同学们走进、亲近大自然，在与大自然的接触中感受秋季的特征，同时也让同学们在挖红薯的过程中了解红薯的生长过程，体验劳动带来的收获与快乐，感受劳动的艰辛。

第三节　营养课

● 熬南瓜粥

到了霜降节气，北方地区天气渐凉，日落也早了。学生在家里，可以在家长的看护下熬一锅自己喜欢的南瓜粥。

1.大米适量。

2.选南瓜：熬粥要用扁圆带棱的南瓜，甜度高，口感面，很适合熬南瓜粥，或者直接蒸着吃。长条形的南瓜甜度低，口感脆，适合炒着吃。

3.大米洗净下锅，上火煮制。

4.南瓜去皮去瓤切小块。

5.米煮到三成熟放入南瓜继续煮，煮到黏稠时就可以了。

在我国的传统文化中，凡事都是相对的，也叫作"对称"，比如：有上就有下，有左就有右，有前就有后。生活中是这样，在地理上、物品上也是这样。在地理上，有北京就有南京，也有东京和西京，也就是宋代时说的：东京汴梁、西京洛阳。瓜类也是一样，有冬瓜就有西瓜，有南瓜就有北瓜。北方人大多叫南瓜为倭瓜。

北瓜是什么瓜呢？其实北瓜就是过去说的角瓜，现在已经很少见到了。角瓜长得很大，很像单肚的大葫芦，老百姓也管其叫歪脖倭瓜。在北方，角瓜主要是做馅用。

南瓜

做南瓜粥

　　南瓜含有丰富的维生素、糖类、膳食纤维、叶黄素及钙、镁、磷、钾等矿物质，还含有人体必需的8种氨基酸，可为人体提供丰富的营养。南瓜富含的果胶和膳食纤维，可以减缓餐后血糖上升速度。南瓜的类胡萝卜素含量也很高，能够被人体吸收转化成维生素A。维生素A可以预防眼角膜干燥、退化，维持眼角膜正常功能，保护视力，并增强眼睛在昏暗环境下看东西的清晰度。所以常常吃南瓜是非常有益的。同学们想一想，南瓜还可以怎么吃呢？

冬天到，寒鸟叫。
天随愿，地生情。
粮进仓，钱回庄。
家财壮，人丁旺。

第十九篇

立冬

公历每年
11月7日前后
——
当太阳到达黄经225°时
为立冬

冬宜封藏　耗过易伤
存精蓄气　去疾利本
风似刮骨　温则护体

立冬是干季的最后一个节气，是干季向寒季转换的过程，气候学上冬季开始的标志是连续5日平均气温降到10℃以下，这时人们会感到天气很冷，燥也明显加重，人在这个时候很容易生病，尤其有晨练习惯的老人和体质较弱的人群，应该等太阳出来、气温稳定后再外出

运动。立冬过后天气转冷，空气湿度小并常伴有大风天气，会引起皮肤干燥瘙痒、粗糙脱屑，甚至皲裂。所以日常起居要做好两手准备，第一注意防寒保暖，第二加强滋阴润燥。

第一节　节气课

一、健康老师有话说

多喝水，多吃汤类食物

到了立冬以后，北方的人们应该多喝水，多吃汤类食物，可以选择一些动物类的食物以增加自己的热量（能量），要合理搭配膳食，保证一定量的蔬菜和水果，添加豆制品和奶制品，要适量地吃富含维生素 C、维生素 A 和 B 族维生素的食物，特别是早餐一定要吃饱、吃好。晚上要吃一些容易消化的食物，因为天冷，晚上人们不愿意去室外运动，所以晚饭不宜多吃。在南方，到了立冬以后，人们只要合理安排自己的一日三餐就可以了。因为南方人普遍喜欢喝汤，这在立冬以后是很受用的，是一个非常好的饮食习惯。

立冬时节养生粥

　　首乌双红粥（制何首乌、红枣、红糖、大米）。

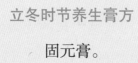

立冬时节养生膏方

固元膏。

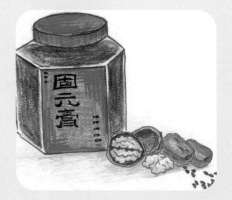

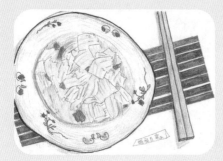

立冬的民俗饮食

醋熘白菜。

🍂 防身体超重或肥胖

到了立冬以后，人们的运动受到限制，而食欲又很旺盛，所以在这个时节，北方人往往会"进食大于消耗"。因此，立冬是造成身体超重或肥胖的时节。人们应该合理饮食，平衡体质，还要保证运动的时间和运动量。立冬以后，也是我国流行性感冒的高发季节，而且是不分南北的，所以应该提前预防，病后积极治疗，特别是老年人和婴幼儿，更要多加注意，有慢性病的人也要小心调护。

二、科学老师有话说

🍂 未曾立冬先立冬

在每年的十一月上旬，我们迎来立冬节气。在北京地区一直有

"未曾立冬先立冬"的说法，意思是说在立冬之前的一段日子里，北京地区就已经冷了，到了立冬以后天气就会更冷。在北方地区，到了立冬以后，刮风的天气是很多的，而且刮大风的天气也不少。北方地区到了立冬以后，就完全进入了冰雪的季节。

第二节　劳动课

立冬谚语

立冬不砍菜，莫把天气怪。

立冬惜牛不使牛。

种麦到立冬，费力白搭工。

下面给大家介绍老北京芥末墩儿的制作方法。

原料：白菜、芥末。

制作：

1.先将坛子洗刷干净，不能有油。老北京人会把洗刷干净的坛子用开水烫一遍，不能有积水。

2.去掉小棵白菜外面不好的帮子，洗净，晾干，绑成一寸左右的卷（用白线或细麻线），切成一寸左右的段，立起后，在上面用刀切十字，但不要切断，切到三分之二处。

3.锅里放水烧开。

4.把切好的白菜墩儿立着码放到漏勺里，连漏勺一起放入开水锅中，等到断生后迅速捞出，把焯好的白菜墩儿立着码放到坛子里。

5.坛子底上要撒一层芥末，再码放焯好的白菜；每层白菜都要撒上芥末，在最上面一层的白菜上面撒上芥末后，用油布或用专用的材料把坛子口封严，一个月左右就可打开封口食用了。

也有在芥末里加细盐的，还有在芥末里加辣椒面的，可根据自己的口味添加。一般是在过节过年时食用，因为可以解油腻。制作好的芥末墩儿，如果保存好了能吃到第二年。

选菜

捆菜

焯菜

码入坛子

撒芥末面

芥末墩儿是一道从清代流传至今的菜肴，也是著名作家老舍先生家饭桌上的名菜，因其简便易做，并且清爽可口而备受欢迎。过年的饭菜多滋补油腻，芥末墩儿正好起到清口消食解腻的作用。同学们可以学起来，在春节时为家人献上这道菜。可能不会一次就做完美，但从失败中总结经验教训，不断尝试，总会成功的。

第三节　营养课

花生粘

原料：花生米（选圆粒）、糯米粉、白糖。

制作：花生米洗净，控干水分。糯米粉加入白糖制成糊状。花生米炒或烤到断生后，晾凉挂上糊放在盘里低温烤至120℃左右，烤到外皮酥脆就可以了。

营养评说

花生粘，酥脆香甜，是十分好吃的零食小吃，如果在饥饿的时候吃到它，那就太开心了。前面我们已经了解到，花生的营养价值很高，能够为我们提供营养和能量。市售的花生粘多以油炸方式，口感好，但油脂较高。而我们低温烤制的花生粘，口感上可能会略有不及，但避免了过多油脂的摄入，更健康一些。

烤制的花生粘也含有不少糖分，同学们每次进食也要控制好量，食用后尽量饮水漱口，以预防龋齿的发生。

第二十篇

小雪

公历每年
11 月 22 日前后
——
太阳到达黄经 240° 时
为小雪

小雪不收菜
必定要受害

　　小雪节气前后，黄河以北地区已呈现出"北风吹，雪花飘"的冬季景象，但往往雪量不太大，所以叫"小雪"。小雪代表着寒季的开始，此时已算得上是真正意义上的冬天了。零星的飘雪，缓解了大地上的干燥之气，人们的口腔、鼻腔也会舒服一些。

第一节 节气课

一、健康老师有话说

避寒保暖

小雪是寒季的第一个节气，随着天气逐渐寒冷，人体易患呼吸道疾病，如上呼吸道感染、支气管炎、肺炎等，特别是小儿，衣着不慎很容易引起感冒和支气管炎。所以要注意保暖，坚持"薄衣法"慢慢加衣，以穿衣不出汗为度。适当减少户外活动，避免阳气的消耗。饮食上应多食用含叶酸丰富的蔬菜、水果、坚果，如菠菜、猕猴桃、橘子、西蓝花、胡萝卜、核桃、松子仁等。

🍲 吃粥最养人

小雪节气正是我们养生的好时候，是不分南北的。南方人可以煲各种食材的汤。在北方，到了小雪节气，吃粥是最能养人的，如红小豆粥、小米粥、大米粥、二米粥（大米、小米）、棒碴粥、白薯粥、菜粥等，这些都是老北京人常喝的粥，现在又有了紫米粥、黑米粥、皮蛋粥、肉末粥、八宝粥、杂米粥等。冬天喝粥也比较暖和，但是血糖高的人要慎食。

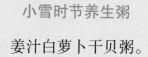

小雪时节养生粥

姜汁白萝卜干贝粥。

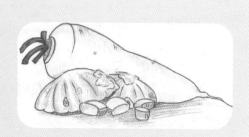

小雪时节养生汤羹

菠菜鸡蛋羹。

小雪的民俗饮食

爆肚。

二、科学老师有话说

● 下雪的多少，决定冬小麦产量

在北方，到了小雪节气，农民就盼着老天爷下雪，特别是头几次下的雪是越早越好，越多越好，这样就能使冬小麦的表面盖上一层雪，雪能够起到保温、防止干燥的作用，有利于"开春后"冬小麦的返青和生长。所以，冬天下雪的多少，也是决定冬小麦产量的主要因素，如果冬天少雪或者无雪，冬小麦就会受到伤害，甚至成片死亡，影响到小麦的收成。

● "积"酸菜的方法

给大家介绍一个老北京人"积"酸菜的方法。老北京人"积"酸菜是把立冬时买回来的成堆白菜里面不太好的菜，清洗干净，必须要将水完全晾干了，白菜绝对不能有生水。把锅里的水烧开，把白菜切成两半，放进开水锅里煮一下，水开后1～2分钟捞出，放进干净的瓦盆里，浇上大米汤，晾凉后再盖上盖儿，几天后就可食用。现在人们的健康意识提高了，所以"积"的酸菜要多放些天，至少要在 20 天后再食用，减少亚硝酸盐的含量。

第二节　劳动课

小雪谚语

小雪雪满天，来岁必丰年。

小雪不起菜，就要受冻害。

大地未冻结，栽树不能歇。

到了小雪节气前后，在北方地区正是收玉米、高粱的时候。这个时候的玉米、高粱的秸秆水分比较少，叶子也下垂了，钻进玉米地或高粱地不会太扎人，玉米、高粱也比较干松，也就省点力气。

劳动内容：掰棒子（玉米）。

1. 先准备好筐或大提篮。

2. 仔细查找玉米。因为在玉米秸秆上有的结一个玉米，有的能结 2～3 个玉米，如果不细找是很容易落下的，更不能学狗熊掰棒子。

3. 掰玉米时要带着皮掰下来，这样可以减少掉籽。

4. 掰回来的玉米要及时晾晒，如果不能及时晾晒，就很容易"捂"发霉了。晾晒时要先剥掉玉米的外皮。

5. 玉米粒很容易生虫子（长虫），过去农民会在晾晒干的玉米粒里撒入灶灰（草木灰）来防止生虫。现在采用化学方法处理。

收玉米时，一般不是先砍玉米秆后掰玉米，而是先掰玉米后砍玉米秆，这样做不容易丢失玉米，玉米也不容易发霉。

小学生是很高兴参加掰玉米劳动的，因为很"出活"，能体现自己的劳动成果。

掰玉米

玉米脱粒

第三节　营养课

牛肉干

　　原料：到食品店购买酱牛肉及调味品，如麻椒、辣椒面、五香粉等。

制作：把熟牛肉用手撕成条，根据自己的口味放入调料，搅拌均匀后，倒入锅中，慢慢煸炒，炒到调料完全裹在牛肉条上，放入烤箱，烤去水分后就制作好了。

营养评说

据资料记载，风干牛肉源于蒙古铁骑的战粮，因为它携带方便，并且能提供丰富的营养和能量，被誉为"成吉思汗的行军粮"。

牛肉含有丰富的蛋白质，氨基酸组成比猪肉更接近人体的需要，享有"肉中骄子"的美称。常食牛肉，能提高机体的抗病能力，对生长发育中的青少年及术后、病后需要调养的人都特别适宜。寒冬时节食用牛肉，更有暖胃补益、强身健体的作用。

牛肉干浓缩了牛肉耐咀嚼的风味，还可久存不变质，携带方便。传统牛肉干的制作，首先要选择上等的食材原料，其次是制作工艺和制作时间的把控，晒干时还得考量日照的时间，道道工序都得紧密把关，才能制作出令人回味无穷的牛肉干。

第二十一篇

大雪

公历每年
12月8日前后
——
太阳到达黄经255°时
为大雪

小雪应清肠
大雪宜进补

　　大雪时节，我国东北、西北地区平均气温已经降至10℃，黄河流域和华北地区气温也稳定在0℃以下。此时的北方，白雪皑皑，完全是一片冰雪世界。毛主席的《沁园春·雪》写道："北国风光，千里冰封，万里雪飘。"在大雪这个节气里，天地间就是这么一派诗情画意的景象。

第一节　节气课

一、健康老师有话说

● 一是要吃饱，二是要穿好，三是要防冻

　　大雪是寒季的第二个节气，在这个节气里，大雪纷飞，天气寒冷，万物生机潜藏。为了吸取足够的能量来抵御风寒，人们开始进补了，这也是进补的大好时节。此时成年人容易热量超标引起肥胖，孩童容易积食着凉，积食必上火，内火加外寒，必生病。因此，滋

补的同时别忘了吃些通气助消化的食物，如萝卜、山楂、白菜、苹果等。另外，由于气温变化较大，对于老年人来说，容易引发心脑血管疾病，所以日常生活中要做好防寒保暖工作，衣服要柔软宽松，保暖性能要好！

大雪节气后的养生法

一是要吃饱，一日三餐不能少；

二是要穿好，不冷不热不上火；

三是要防冻，不能冻手和冻脚；

要是冻手脚，千万不能用火烤。

大雪时节养生粥

小米牛肉青菜粥。

大雪时节养生汤羹

羊杂汤。

大雪的民俗饮食

什锦火锅。

二、科学老师有话说

🗨 在北方，西北风会更多、更大；而在南方，室内明显阴冷

在我国北方地区，到了大雪节气，才是真正到了严寒时节。这个时节，室内室外的温度在白天也普遍会在 0℃ 以下，如果到了夜间，温度降到零下十五六摄氏度也不新鲜。过去，南方地区冬季温度最低也就是在 0℃ 左右，而现在则不同了，南方到了冬天，温度一年比一年低。到了大雪时节，北方的西北风会更多、更大，空气更加干燥；而在南方，室内明显阴冷。

🗨 棒打狍子，瓢舀鱼，野鸡飞到饭锅里

20 世纪 80 年代以前，在北京城外，是可以经常见到野兔的。如果在东北，那就是"棒打狍子，瓢舀鱼，野鸡飞到饭锅里"，也就

是说，那个时候，用木棍打一下都能打到狍子，人们用水瓢在河边舀水都能舀上鱼来，如果用室外的灶台焖米饭，野鸡都能飞到锅里去吃米。由此可见，过去的野生动物是多么丰富啊！

我国劳动人民自古有"靠山吃山，靠水吃水"的生存传统，其实不无道理：因为有山可以采矿，有水可以捕鱼、运输、浇地，有森林可以伐木、打猎，有草原可以放牧，有平原的土地可以耕种。自古我们就是充满智慧的勤劳民族。

第二节　劳动课

大雪谚语

大雪纷飞是丰年。

大雪河封住，冬至不行船。

到了大雪节气就离过年不远了，家家户户开始忙着准备过年，小孩子也不例外。在过去，小孩子的任务之一是剪年画，刻剪纸，现在这种劳动已经不常见了。特别是刻剪纸的手艺现在已经快失传了，希望现在的孩子能够把它拾起来，继续传承下去。

1. 选好自己喜欢的剪纸图案，学生可以相互借用。

2. 在选好的剪纸图案上放一张剪纸用的纸。

3. 削好铅笔，把铅笔横着用，在剪纸图案上面放好的纸上进行涂拭，铅笔涂到的地方就能显示出下面剪纸原图的图案。

4.用竖刀对照原图把拓下来的图案刻下来，刻剪纸就完成了。可以把刻剪纸夹在书本里保存，过年时贴在窗户的玻璃上，增添过年的气氛。

选图案，拓纸，刻纸，剪纸

刻剪纸不仅是手工技术，能够培养同学们的细心和耐心，更是一门艺术，能培养同学们的创造力与审美能力。在刻纸、剪纸的时候能从紧张的课业中暂时抽离出来，放松身心，舒缓压力，还能怡情养性，带来美的享受，剪纸的作品还可以起到装饰美化的作用，为生活环境增添色彩。

第三节 营养课

🥔 烤薯片

原料： 马铃薯。

制作： 马铃薯洗净后去皮，切片，然后放入清水中，这样做可以避免切片后变黑。水里加少许盐，浸泡后捞出控干。再放入烤箱内以 120～140℃烤制，烤到表面发黄和酥脆时就可以了。这样制作比炸薯条要合理。

营养评说

薯片是由马铃薯（土豆）为原材料，经油炸烘焙制成的零食，在不少国家的零食市场都占有一席之地。薯片含油量通常在 30% 左右，属高油、高盐、高热量食物。100 克薯片约含高达 547 千卡的热量（100 克米饭的热量大约是 117 千卡）。

薯片与其他油炸食品一样，长期食用对健康不利。富含淀粉的食材，经高温油炸后会产生含量不等的丙烯酰胺，这种物质已经被质疑有致癌风险。1990 年，美国加利福尼亚州的相关法规就基于动物实验结果，将丙烯酰胺列入"致癌物"之列。

处于生长发育中的儿童，如果长期吃含有丙烯酰胺的油炸食品，对健康危害极大，应当远离。

自己烤薯片，虽然口感上会差一些，但却避免了高温、高油、高盐的弊端。

第二十二篇

冬至

公历每年
12 月 21 日至 23 日
——
太阳到达黄经 270° 时
为冬至

冬至前后，冻破石头。

《冬至数九歌》

一九二九不出手，

三九四九冰上走，

五九六九沿河看柳，

七九河开，八九雁来，

九九加一九，耕牛遍地走。

冬至过后，白昼时间渐长。此时全国进入了数九寒天，日平均气温已降至0℃以下。冬至是寒季的第三个节气，是一年中白昼时间最短、夜晚最长的一天，阴盛阳衰，阴极生阳，阳气开始萌生。在此阴阳转换的时刻，也是人体阴阳气交的关键时刻，历代养生学家都非常重视这个节气的养生。

第一节 节气课

一、健康老师有话说

调养身体，合理饮食很重要

到了冬至，调养身体很重要。由于天气冷了，人体的许多老毛病最容易在这一时期发作，如呼吸系统、泌尿系统疾病发病率相当高。为防止这一时期疾病的发生和促进人体的健康，日常生活中要安心静养，减少消耗；饮食上应以多样、清淡、温热、少缓为原则，少吃高糖、高脂肪、高盐的食物，多吃蛋白质、维生素、纤维素含量高的食物，如五谷杂粮、萝卜、大白菜、牛肉、羊肉、奶制品、豆制品、禽蛋类、菌藻类、坚果类等。

冬至时节养生汤羹

豆花。

冬至时节养生粥

燕麦粥。

冬至的民俗饮食

饺子。

保持"进出"的平衡，饮食运动的平衡

冬至，人们的食肉量会增加，吃的主食量也会增多。天气寒冷，人们的室外活动也相对减少。因此，冬季成了人们"养膘"的时期。到了冬至以后，无论南方还是北方的人们，每天都必须保持"进出"的平衡，外面冷，不出去，活动少，那就要少吃；如果要出去，活动多，就可以多吃点。否则，摄入大于消耗，脂肪就会堆积，造成肥胖。

二、科学老师有话说

昼短夜长

在我国，到了冬至这天，白天是最短的，黑夜是最长的。在冬至以前，天黑得一天比一天早，过了冬至，天黑得一天比一天晚，这是由我国所处的地理位置决定的。

三、道德老师有话说

勤俭节约过日子

在我国，每年的冬至，是白天最短、黑夜最长的日子，也是一年当中最为寒冷的日子。无论是公历还是农历，都是一年即将结束的日子。冬至过后就离过年不远了，有公历的新年（元旦），也有农历的小年、春节。所以冬至一过，在我国，不分南北，人们都要开始准备过年了。在外的人要回家，所有的人都要准备年货。在过去，无论富家还是穷家，都是非常重视过年的，穷人更是看重过年，只有这一天才是平静无事的一天。因为无论别人欠你多少债，你欠别人多少债，在过年这天是不能上门讨债的。

民间流传着一个故事，很久以前，有个穷人，从小父母双亡，靠沿街乞讨长大，长大以后也是好吃懒做。他从小看见别人家过年就很难过，特别是看到富人家的日子，就非常眼红，自己暗暗地发誓："等我有了钱，我也天天过年。"后来他真的得到一笔意外之财，一夜之间暴富了。于是他忘乎所以了，买了一所宅院，请了一位厨子给他包饺子，并且每天三顿都吃饺子。等厨子把煮熟的饺子端上桌后，他夹起饺子从"肚"那里咬一口，只把饺子"肚"给吃了，周围的边沿不吃，扔掉了。厨子看后说："东家，您不能浪费，不能只吃'肚'不吃边。"他对厨子说："这才是真正的富人过年，富人吃饺子！"厨子很是心疼他扔下的饺子边，就把他每顿扔的饺子边儿捡起来，放到阳光下晒干收起来。这样一年一年过去了，这个人由于好吃懒做，把全部财产花光了，最后连宅院也卖了，把厨子也辞掉了。再后来，他又开始沿街乞讨了。

在一次乞讨时，他走进一户人家，求人家给口饭吃，当男主人从屋里走出来后，他一看，原来正是自己辞掉的厨子。于是这个男主人给他煮了一碗"面片"吃，他端起碗来，吃得那叫一个香，等他吃完后，男主人问他吃得香不香，他说非常香。男主人告诉他，这碗里的面片就是他当年扔掉的饺子边。而且男主人还对他说："我这还有几大包你以前扔的饺子边。"后来，男主人就把他留了下来，每天给他煮以前剩下来的饺子边吃。他很是惭愧，并且暗暗下定决心，一定要找个活干，靠自己的劳动养活自己，还要勤俭节约地过日子。于是他就租了几亩地，每天去地里干活，耕地、翻地、整地、播种、浇水、施肥，等到他把厨子留给他的饺子边儿全部吃完后，他种的新粮食也下来了，他留够自己一年吃的口粮，还把余粮拿到集市上卖了，除了缴上地主的地租外，还有了余钱，这样反复了几年，终于自己买了地盖了房，后来又娶了媳妇生了娃，知道了什么是过年，什么是生活！

第二节　劳动课

冬至谚语

冬至不端饺子碗，冻掉耳朵没人管。

冬至天气晴，来年百果生。

冬至下场雪，夏至水满江。

到了冬至节气，北方的树木也到了修剪的时候了。此时树已经进入休眠状态，修剪损失的养分最少。小学生可以和家长去郊区的园林，向园林师傅学习修剪果木树的知识，帮助修剪果木。

如果家里有木本植物，也可以在家里练习。各种果木的修剪都大同小异，因为果树大部分都是雌雄同体，不像其他树木雌树就是雌树，雄树就是雄树，比如杨树、银杏树。而果树是分雌雄枝杈的，特别是石榴的枝杈，雌杈是乱糟糟地长在一根主杈上，有很多往不同方向长的枝杈，而雄杈是一根直着或斜着直接往上长，很少有分杈。

我们在给桃树修剪时：

1. 把老的、长得不好的、结果少的枝杈剪下来。

2. 要少留雄枝，多留雌枝。

3. 雄枝要留得均匀，这样做是为了开花时使雌花都能得到授粉。

4. 剪枝要从树的中心往外开始剪，这是为了通风。凡是植物都怕不透风，只要是不透风，就容易死掉。

5. 把必须要留下的密集位置的枝杈用木棍固定好、"支"开，树木就可以长成"开放形"了。

6. 要把树木的剪口或锯口涂抹上油漆或胶，把"刀口"封上，以免树木水分流失或被风吹干。家庭木本植物也是一样，特别是到了冬季，室内温度过高而且干燥，植物的水分更容易从"伤口"流失。

冬天的果树

剪枝

锯废叉

封刀口

　　玉不琢不成器，木不修不成材。质地精良的玉石不经过雕琢就不会成为具有收藏价值的器物，树苗在自然成长状态下通过修剪枝叶能够获得更好的成长、成材机会。十年树木，百年树人。人们都把教师比作辛勤的园丁，教育的目的也是为孩子成长塑形，培养他们良好的生活行为习惯和正确的社会道德价观。同学们通过剪枝，可以了解此项劳动的深层意义。平时的学习生活中，也要注意规范自己的言行，努力成为栋梁之材。

第三节 营养课

● 三鲜馅饺子

到了冬至节气，特别是冬至这天，北方地区的传统是冬至吃饺子。小学生可以跟着父母、长辈学习包饺子。

下面介绍正宗三鲜馅饺子的制作方法。

原料：

三鲜馅：三七五花猪肉 500 克，葱末 15 克，姜末 15 克，酱油 35 克，香油 25 克，盐 5 克，水 162 克，白胡椒粉 3 克，白糖 2 克，活鲜虾、鸡蛋适量。

配料

制作：

1. 猪肉剁成肉泥出蓉。

2. 放入姜末、糖、白胡椒粉、酱油往一个方向搅拌。

3. 分 3～4 次把水打进去。

4. 放入冰箱冷藏 40 分钟。

5. 虾肉切丁炒熟。

6. 虾头剪开放油锅炸，放葱炸制成葱虾油。

7. 制成的馅 500 克放配菜 100 克。

8. 鸡蛋摊炒切碎。

9. 把葱末放进香油里泡制。

10. 包饺子时，馅里放入葱油、香油、葱虾油、盐。

11. 提前把面和好就可以包饺子了。

同学们还可以学习包各种花样的饺子。

和面

包饺子

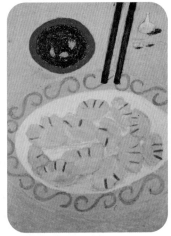

煮饺子　　　　　　　　　　　　成品

我国有冬至吃饺子的传统习俗。每年农历冬至这一天，不论贫富，饺子是必不可少的节气时令饭。这种习俗是源于"医圣"张仲景冬至舍药的典故而流传下来的。

东汉时张仲景曾任长沙太守，后毅然辞官回乡，为乡邻治病。其返乡之时，正是冬季。他看到白河两岸乡亲面黄肌瘦，饥寒交迫，因天气寒冷，不少人的耳朵都冻烂了，便让其弟子在南阳东关搭起医棚，支起大锅，在冬至那天舍"祛寒娇耳汤"医治冻疮。他把羊肉、辣椒和一些驱寒药材放在锅里熬煮，然后将羊肉、驱寒药物捞出来切碎，用面皮包成耳朵样的"娇耳"，煮熟后，分给来求药的人，每人两只"娇耳"，一大碗肉汤。人们吃了"娇耳"，喝了"祛寒汤"，浑身暖和，两耳发热，冻伤的耳朵很快都治好了。后人学着"娇耳"的样子，做成食物，也叫"饺子"或"扁食"。后来人们冬至吃饺子，就是不忘"医圣"张仲景"祛寒娇耳汤"之恩。

第二十三篇

小寒

公历每年
1月6日前后
——
太阳到达黄经285°时
为小寒

小寒小寒
无风也寒

　　小寒时节到，大地原来积蓄的热量已耗散到最低值，来自北方的强冷空气及寒潮冷风频繁侵袭中原大地，我国大部分地区进入"出门冰上走"的三九严寒。要说一年之中何时最冷，估计就是这会儿了。小寒是寒季的最后一个节气，老话说："夏练三伏，冬练三九。"这会儿正是人们加强锻炼、提高身体素质的关键时刻。从中医学角度来说，人体抵御寒冷、病邪靠的是阳气，只有阳气充足，才能百毒不侵、百病不生。

第一节　节气课

一、健康老师有话说

冬吃萝卜夏吃姜

　　小寒时节，日常生活中防寒保暖很重要，冻疮是这个时节常见的皮肤病，这是皮肤长期受寒冷（10℃以下）作用所致。另外，防寒保暖时别忽视了脚部，寒从脚起，冬季感冒一般都是因为脚部受寒。饮食上应适当选择补阳养血的食物，如羊肉、牛肉等肉类，多吃海参、鸽肉等高蛋白、易吸收、易消化的食物。这个季节也是口角炎的高发期，因为天气寒冷、气候干燥，缺少时令的蔬菜瓜果，建议吃些动物肝脏、瘦肉、禽蛋、牛奶、五谷杂粮等食物。更重要的是补的同时还要防燥，防"上火"。所以，白菜、萝卜不能少，老北京人有"冬吃萝卜夏吃姜"的养生传统。

小寒时节养生汤羹

鱼肚乳鸽汤。

小寒的养生茶

普洱茶。

小寒的民俗饮食

虎皮冻。

二、科学老师有话说

● 观天气，看年景

"观天气，看年景"是在我国广大农村居民都很熟悉的事情。"年景"也是有规律的，农作物也有"大年"和"小年"。"大年"就是所说的"丰年"，"小年"就是歉收的年份。因为每年的小寒、大寒时节都是降水量最少的时候。如果在这段时间里持续无降水，北方没雪，南方无雨，那第二年农作物的收成就会成问题。除了人为的对大自然的破坏，大自然本身也是有规律性的，如果在一年当中的整个秋季无降水，或很少降水，那这个冬天就容易出现"暖冬"；反之，秋季多降水，冬季就容易出现"冷冬"，这是因为土地越湿，环境就会越冷；土地越干，环境就不会太冷。

● 我国传统的民风民俗

中国自古有祭天地、祭祖宗的传统。北京除了有天坛、地坛、月坛、日坛，还有先农坛。先农坛按照字义有农坛在先的意思，因为自古以来人们进行祭奠的祭品都离不开食物。比较典型的例子，今天老北京的砂锅白肉就是由皇宫祭祀的祭品衍生出来的。

民间有说法认为收成与我们的十二属相有关，认为"牛马年好种田"，遇到龙年和蛇年容易闹水灾，其实是没有道理的。关于十二属相，在民间也有多种说法。有一种说法认为，古人编制十二属相时，是找了十二类都有缺陷的动物，其目的就是告诉人们，谁也别瞧不起谁，谁都有缺点，谁都有不足之处，人本来就不应该分高低贵贱。

第二节 劳动课

小寒谚语

小寒大寒，冷成冰团。

小寒大寒，杀猪过年。

在我国到了小寒节气就到了年根底下了，小孩子也在忙着过年。

俗话说："二十七宰公鸡，二十八把面发，二十九蒸馒头，三十晚上熬一宿，大年初一去拜年，不要铜子儿要洋钱。"

实际上，过去到了小年（农历腊月二十三）以后就开始制作年货了，如酱肘子、炖排骨、炖猪头、酱猪蹄、红烧肉、炖大肉、炸肉丸子、炸素丸子、炸油饼、炸麻花、炸排叉、炸豆泡、炸带鱼等。但是小孩子最喜欢的除了能吃到炸麻花、炸排叉外，就是父母制作的蒸货，如蒸馒头、蒸豆包、蒸糖三角、蒸肉馅包子、蒸大白菜素馅包子、蒸大萝卜素馅包子等。这时候小孩子就有活干了，而且是围着家长，特别是围着母亲、姥姥、奶奶转，抢着给蒸货上点红点。

孩子手里拿着一根平头的筷子和提前几天找了又找、挑了又挑的大料。要挑选完整的、品相好的、五个角的大料瓣儿，然后用热水反复换水去泡，为的是去掉大料瓣的味道。小孩子用平头筷子和大料瓣给不同蒸货点上红点和五角星，用平头筷子时，有的在蒸货上点一个红点，有的点 2 个红点，有的点 3 个红点甚至更多的小红点。这是为了区别蒸货里面不同的馅，方便在吃的时候或送人的时候能够知道是什么馅。这种家务活完全是小学的孩子或是还没上学的孩子做的事情。如果是小孩子多的家庭，小孩子为了抢着干还会打架。

蒸馒头

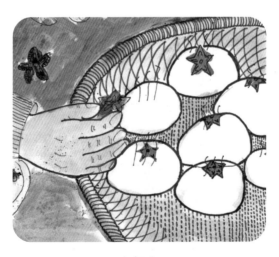

点红点

第三节　营养课

🍲 虎皮冻

小学生可以在家长的帮助下学习虎皮冻的做法：

先把猪肉皮上的毛弄干净，再把肥油用刀去掉，凉水下锅，焯一下（也可以先焯，后去油脂）。焯好后，晾凉，切丝，放入干净锅里，加水、盐、酱油、花椒、大料炖制。炖到黏稠时，捞出花椒、大料，倒入盆中，放到室外，数小时后就可以吃了。吃的时候切成块，可以蘸着调料吃，调料是由酱油、醋、蒜泥调的，也有放点香油的。

在制作虎皮冻时，有条件的家庭会放猪蹄，把猪蹄煮烂后，把骨头捞出来，这样制作出来的虎皮冻更有硬度，胶质感会更强，质量会更好。若是放猪蹄，就必须放酱油；如果不放猪蹄，也可以不放酱油，不放酱油的冻，显得很透亮。

营养评说

虎皮冻是深受老百姓喜欢的一道凉菜。它外观晶莹透亮，入口爽滑有弹性，味道鲜美醇厚。肉皮中丰富的胶原蛋白是这道菜的灵魂，满足当代人对美的愿望。加入的大豆提升了优质蛋白质水平，而胡萝卜中的类胡萝卜素又是维生素 A 的前体，所以说虎皮冻营养价值还是很高的。同学们可以在家里，跟着家长一起练习操作。开动脑筋，大胆尝试，做出更营养美味的虎皮冻吧。

第二十四篇

大寒

公历每年
1月20日前后

——

太阳到达黄经300°时
为大寒

寒风刺骨　冻肤伤心
糖助其里　脂阻于外
饱则盛势　饥伤损体
大寒大寒　防风御寒

进入大寒，气象学六季的第一季——风季就开始了。大寒期间，寒潮南下活动频繁，我国大部分地区风大，低温使地面积雪凝固不化，呈现出冰天雪地、天寒地冻的严寒景象。此时北方冷空气势力强大，空气干燥，雨雪较少，是一年中降水最少的时期。

大寒小寒又是一年，大寒前后常与农历岁末相重合。小年后，人们就开始忙着迎接除夕和春节，春节是一年中最为重要也是最盛大的节日，此时人们无论离家多远，都要赶回来过春节，吃团圆饭。在过年的时候，家家户户是要喝酒的。年三十喝酒是有特殊规矩的，平时喝酒都是长辈先喝，晚辈后喝，但年三十是相反的，因为年三十的酒叫"屠苏酒"，必须"幼者先喝，长者后喝；幼者得年，长者失年"。

老北京人有"进腊过年"之说，人们很早就开始准备年货，如蒸馒头、蒸豆包、蒸包子、蒸糖三角、蒸年糕、炸油饼、炸麻花、炸排叉、炸咯吱、做豆腐、炸豆腐鱼儿、炖肉、炸丸子、炸年糕。

第一节 节气课

一、健康老师有话说

多补充水分，多吃含维生素 A、维生素 E 的食物，防止手脚干裂和眼干唇裂

到了大寒节气，在我国的广大北方地区，天寒地冻，北风呼啸，天干物燥，常使人们的口鼻"冒烟"，喉干口渴。所以在北方，到了大寒节气后，人们更要多补充水分，多吃含维生素 A、维生素 E 的食物，防止手脚干裂和眼干唇裂，少吃辣的食物，保证蔬菜、水果的摄入量，防肝火、肺火、胃火。外出注意保暖，要戒烟限酒。在大寒节气，人们应该适量地补充热量，补充蔬菜和水果，吃饭时多喝些汤类，煲汤养生很重要。

大寒时节养生粥

八宝粥。

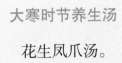
大寒时节养生汤

花生凤爪汤。

大寒的民俗饮食

涮羊肉。

🍃 预防流感非常重要，多吃些富含维生素 C 的食物

大寒节气，流行性感冒是南北方的主要疾病，而且传播速度快，也是诱发多种疾病的主要原因。因此，在这个季节里，预防流行性感冒是非常重要的。人们可以多吃些富含维生素 C 的食物，维生素 C 主要存在于水果和蔬菜里，我们应该首先选择水果，因为维生素 C 怕高温，蔬菜在冬天是很少凉拌的，大多数人会选择热加工。烹饪熟的蔬菜，维生素 C 会被破坏很严重，即使能留下来也是很少的。含维生素

C 比较高的食物有猕猴桃、柑橘、柿子椒、西红柿等。

二、科学老师有话说

● 严寒也难阻挡人们回家的脚步

　　每年的公历一月份就到了大寒节气。在我国的北方地区，到了大寒节气，北风刺骨，寒冷无比，而且此时是降水量最少的时间段。因此，天气既干又燥，还冷。如果是在我国西北、东北的严寒地区，到了大寒节气，在正常年份里，温度降到 $-30 \sim -20$℃是常见的。在大寒节气里，北方的晴天是很多的。在我国的南方地区，到了大寒节气，大部分的地方温度都很低，只有海南岛一带温度能够达到20℃以上。在这个节气里，南方地区的降水量也是全年当中最少的。大寒也是冬季的最后一个节气，到了大寒离春节就不远了。所以，每年大寒过后，在外地的人，就该陆陆续续返家了，严寒也难阻挡人们回家的脚步。

第二节　劳动课

大寒谚语

过了大寒，又是一年。

大寒不寒，春分不暖。

大寒到顶点，日后天渐暖。

到了大寒节气，我国正处在过年当中。传统的过年时间是从农历腊月二十三到正月十五，这就是一个完整的过年时间。过去，只要是到了腊月二十三，就可以贴对联、贴窗花、贴福字。过去贴对联也有讲究，贴的时间越晚说明这个家庭生活越好，反之贴对联越早，说明这个家庭在生活上比较拮据，甚至在外面有欠账。因为在我国传统过年习俗中，只要是进了小年，人们就可以贴对联，只要贴上对联，即使是在外面欠了账，外人也不能再上门讨账，必须等到过了正月十五才能追讨欠账。

　　过年的时候往往会下雪。过年下雪也是孩子们最喜欢的，因为可以堆雪人、打雪仗。如果在大寒里下雪，对小学生来说也是一种劳动兼娱乐的好时机。学生可以拿着铁锹、铁铲、笤帚和簸箕等工具，把家附近的路上、院子里、楼下的积雪清理干净，堆在不碍事的地方。这样，既不会使路人滑倒，孩子又能在不碍事的地方堆雪人、堆动物造型和其他喜欢的造型。这是一举多得的劳动，而孩子们绝对不会去偷懒。

　　堆雪人也是要动脑筋的，在过去的年代里，孩子们会用煤球做眼睛，胡萝卜做鼻子，现在煤球已经找不到了，那同学们就开动大脑，寻找最适合的"配饰"，来装点出最漂亮的雪人吧。

　　正月十五这天下不下雪，按传统经验来说，是看前一年的农历八月十五这天，如果多云看不见月亮，第二年的正月十五就会下雪。谚语有"八月十五云遮月，正月十五雪打灯"。

扫雪

铲雪

雪景

堆雪人

一场大型的扫雪和堆雪人活动，可以增加学生们之间团结努力，激发奋发向上的精神，提升个人身体素质和个人道德素养。这样既让孩子得到了很好的教育，又让孩子体会到了劳动的快乐。

第三节 营养课

制作糖蒜

原料：青头鲜蒜、白糖、白醋、白酒。

厨具：带盖的大口瓶子。

制作：

1.把瓶子洗净，放入少量白酒杀菌。

2.把鲜蒜外面的老皮削去，留下鲜皮（不能用水洗）放入瓶子里。

3.先往蒜上撒上白糖，500 克蒜约 150 克糖。

4.倒入白醋，没过蒜，再倒入白酒少许，封盖即可。约一个月后就可食用。

营养评说

大蒜因为具有特殊的气味而被一些同学厌恶。其实大蒜具有多方面的生物活性，如防治心血管疾病，抗肿瘤及抗病原微生物等，长期食用可起到防病保健的作用。

近年来，人们越来越重视大蒜，大蒜制品也成了当今世界备受推崇的保健食品之一。由于大蒜中的大蒜素具有杀菌力强、抗菌谱广的特性。因此，大蒜素也被称为"植物性天然广谱抗生素"。同学们，你们是不是对大蒜又有了新的认识？